为人处世的进退艺术

该进则进，该退则退，进中有退，退中有进，这是人生的大学问大智慧，是从容人生的必需艺术。

为人处世的进退艺术

北野◎编著

研究出版社

图书在版编目（CIP）数据

为人处世的进退艺术 / 北野编著.
— 北京：研究出版社，2013.3（2021.8重印）
ISBN 978-7-80168-775-3

Ⅰ.①为…
Ⅱ.①北…
Ⅲ.①人生哲学—通俗读物
Ⅳ.①B821-49

中国版本图书馆CIP数据核字（2013）第041460号

责任编辑：之　眉　　**责任校对：**陈侠仁

出版发行：研究出版社
　　　　　地　址：北京1723信箱（100017）
　　　　　电　话：010-63097512（总编室）010-64042001（发行部）
　　　　　网址：www.yjcbs.com　E—mail: yjcbsfxb@126.com
经　销：新华书店
印　刷：北京一鑫印务有限公司
版　次：2013年5月第1版　2021年8月第2次印刷
规　格：710毫米×990毫米　1/16
印　张：14
字　数：185千字
书　号：ISBN 978-7-80168-775-3
定　价：38.00 元

前 言
FOREWORD

"大丈夫能伸能屈""忍一时风平浪静，退一步海阔天空"，这些老话都透漏出一种生存哲学——进退。人生是一个不断向前的过程，这种向前是一种智慧的前进，有时直进，有时曲折，有时迂回，有时后退，而不是一直盲目向前，撞得头破血流不知回头。该进则进，该退则退，进中有退，退中有进，这是人生的大学问大智慧，是从容人生的必需艺术。

航行中的船只，在预见到大风浪来临时，并不是要迎头冲过去，而是要暂避到无风的港湾。在自己实力强大时，迎头痛击对手是谋略，而在自身实力不敌对手时，暂避锋芒更是智慧。做人做事知道进退的人，才能充分利用时机成就自己。

做人，是一门艺术。在生活中，那些春风得意的人，都深谙做人的奥妙，懂得进退之道。只有知进退的人，才不会处处碰壁，才能游刃有余。做事，是一门学问。如果一个人能在纷繁的环境中自如地驾驭人生，做事能逢凶化吉，遇难呈祥，并把不可能的事变成可能的事，最后达到成功，那么他一定是一个懂得进退的人。

进是积极人生的必然趋势，进不失为勇，而退更显智慧，是一种谋略，是一种维系生存的手段。退能保身，退能成事，退是大勇，更是大智。真正的英雄，能伸能屈，能进能退，进退自如。只退不进，是懦夫；只进不退，是莽夫。进退得当，才能从容面对成败，成就潇洒的人生。

做人左右逢源，做事圆圆满满，是每个人都努力追求的境界。然而，做人做事是一门涉及现实生活各个层面的学问，单从任何一个方面入手研究，都不可能窥其全貌。要掌握这门学问，抓住其本质的规律，就必须对现实生活加以提炼、总结，得出一些具有普遍意义的规律来。

戴尔·卡耐基说："人人皆是你学习的对象。因为不论相识与否，每个人都或多或少有值得你效法之处。最重要的是，你得研究他们的生活，积极借鉴他们的经验，并灵活地应用在自己的生活中；否则，就容易走弯路，甚至碰壁、摔跤。"我们从古今中外故事中选取为人处世的成功范例，分享他们通过实战而得来的经验智慧，分析这些成功者奉行的准则，然后加以归类整理，编成这本《为人处世的进退艺术》。

本书从做人、做事、说话、交际、职场等各个领域，分析阐述人生的进退艺术，总结沉淀已久的经验与智慧，提出切实有效的方法与技巧，帮助您在最短的时间内，建立更加实用的生存理念，掌握更加高明的生存艺术，使您在人生的各个领域，都能进退自如、从容应付。

目 录
CONTENTS

第一章 做人进退之道：
遇事心态要积极，结果才会有转机

做人，是一门艺术，是一个永远的难题。在生活中，那些春风得意的人都是做人的高手，他们之所以在做人方面有成就，完全得意于他们知道了做人的奥妙，懂得进退之道。

第二章 做事进退之道：遇方就圆，灵活变通

做事，是一门学问，是一个说不完的话题。如果一个人能在纷繁的环境中，措置裕如地驾驭人生局面，使其在做事中做到逢凶化吉，遇难呈祥，并把不可能的事变成可能的事，最后达到成功，那么他一定是一个懂进退，会做事的人。

第三章 说话进退之道：
不该说的绝不开口，该说时要锦上添花

语言是传达感情的工具，也是沟通思想的桥梁。"一句话能把人说跳，一句话也能把人说笑"。有的人善于用语言来表达情意，一席话就能使人心情舒畅，有的人则不善于以语言来表达，一讲话就使人误解，俗话说"良言一句三冬暖，恶语伤人六月寒"。因此，要想在人际交往中应对自如，就应该把话说得滴水不漏。

第四章 交友进退之道：结交真朋友，远离假君子

"画虎画皮难画骨，知人知面难知心。"在现实生活中，有这样一种人：他们打着"朋友"的幌子，专门坑害那些把他们当朋友的人，让人防不胜防。对此，要练就一双"火眼金睛"，能够明察秋毫，将这些人从朋友中区分开来，为自己的事业保驾护航。

第五章 交际应酬进退之道：在人脉网中做个太极高手

交际应酬是世上最难以解说的事情，但它又常常缠绕人心，令人欲罢不能。应酬之术是生存之本，是做人做事的一种技巧，一种方法，是做事先下手为强的胆识，是抓住机会的眼光，是把你推向成功的"助力器"。

第六章 游刃职场进退之道：不强出风头，不甘于落后

人在职场，很多事都身不由己，你凭什么能够笑傲职场？你能做职场上的不倒翁吗？成功的人总是相似的，失败的人各有各的原因。职场自有职场的生存智慧，成功的人都能在职场中进退自如、左右逢源，因为他们练就了游刃职场的进退智慧。

第七章 婚姻家庭进退之道：
端平手中这碗水，就能念好这本经

家庭是幸福的摇篮。懂得家庭之道就可以享受家庭的乐趣，那就意味着，双方能互相鼓励，互相合作，邻里和睦相处，以实现健康而有创造性的家庭生活。在这样的关系里，子女能够从中体会真正的温暖及互敬互爱。这样家庭就会成为播撒幸福和创造幸福的中心。

第八章 商场进退之道：做生意之前先经营好关系

经营事业就得经营关系，广结善缘、互相合作、和气生财，会让你在激烈的市场竞争中收放自如。商海中再坏的时机也有人赚钱，再好的时机也有人破产，再坏的事业也有人成功，再好的事业也有人失败。

第一章 做人进退之道：
遇事心态要积极，结果才会有转机

　　做人，是一门艺术，是一个永远的难题。在生活中，那些春风得意的人都是做人的高手，他们之所以在做人方面有成就，完全得意于他们知道了做人的奥妙，懂得进退之道。

1.与人分享的越多，得到的就越多

一位考古学家说："人类之所以成为进化程度最高的生物，分享的行为是功不可没的。"人类社会中金钱、财富、物质……都是可以与他人分享的，其中也包括快乐。

给予是快乐的源泉，为别人带来快乐的同时，自己也会处于快乐的包围之中。快乐是可以分享的，你可以给别人带来快乐，你分享给别人的东西越多，获得的东西就会越多。

大家都生活在同一个社会里，人类生存的需要决定了人与人之间的关系必须是相互依存的，你关心了别人，别人也会关心你，当你为别人做了好事时，你会有一种由衷的快感和心灵的慰藉，而同时又赢得了别人的敬慕。

从前有个国王，非常疼爱他的儿子，总是想方设法满足儿子的一切要求。即使这样，他的儿子还总是整天眉头紧锁，面带愁容。于是国王便悬赏寻找能给儿子带来快乐之能士。

有一天，一个大魔术师来到王宫，对国王说有办法让王子快乐。国王很高兴地对他说："如果你能让王子快乐，我可以答应你的一切要求。"

魔术师把王子带入一间密室中，用一种白色的东西在一张纸上写了几个字交给王子，让王子走入一间暗室，然后燃起蜡烛，注视着纸上的一切变化，快乐的处方会在纸上显现出来。

王子遵照魔术师的吩咐而行，当他燃起蜡烛后，在烛光的映照下，他看见纸上呈现出美丽的绿色字迹："每天为别人做一件善事！"王子按照这一处方，每天做一件好事，当他看见别人微笑着向他道谢时，他开心极了。很快，他就成了一个快乐的人。

俄国诗人涅克拉索夫的长诗《在俄罗斯，谁能幸福和快乐》中写道：诗人找遍俄国，最终找到的快乐人物竟然是枕锄瞌睡的农夫。是的，这位农夫有强壮的身体，能吃、能喝、能睡，从他打瞌睡的眉目里和他打呼噜的声音中，流露出由衷的开心。这位农夫为什么能开心？不外乎两个原因，一是知足常乐，二是劳动能给人带来快乐和开心。正是因为农夫付出了能让别人快乐的劳动，所以他才能成为快乐的人。通常付出多的人，获得也多。

有一个关于动物的故事：

树上落了一只嘴里衔着一大块食物的乌鸦。许多追踪这只拥有一大块食物的乌鸦的其他乌鸦立刻成群飞来。它们全都落下来，一声不响，一动不动。那只嘴里叼着食物的乌鸦已经很累了，很吃力地喘息着，它不可能一下子就把这一大块东西吞下去。它也不能飞下去，在地上从容不迫地把这块东西啄碎，因为那样其他乌鸦会猛扑过去，于是就要开始一场"混战"了。它只好停在那儿，保卫嘴里的那块食物。

也许是因为嘴里叼着东西呼吸困难，也许是因为它被大家追赶，已经精疲力竭——只见它摇晃了一下，突然嘴里叼着的食物掉了下来。

所有的乌鸦都猛扑上去，在这场"混战"中，一只非常机灵的乌鸦抢到了那块食物，于是立刻展翅飞去。那只被追赶得精疲力竭的乌鸦也在跟着飞，但已明显地落在大家的后面了。

第二只乌鸦也像第一只乌鸦一样，被其他追赶的乌鸦弄得精疲力竭，最后也落到一棵树上，终于坚持不住而失掉了那块食物，于是又是一场"混战"，所有的乌鸦又去追赶第三个"幸运儿"……

拥有食物的乌鸦最终都没能吃到食物，是因为它只为了自己，没有想到与大家分享。

不会与别人分享，最终的结果是自己也享受不到。快乐分给大家就会成倍地增加。相反，如果紧握不放，自己也不会太快乐。

从前，有一位犹太教长老酷爱打高尔夫球。在一个安息日，这位长老突然觉得很想打高尔夫球。按照犹太教的规定，信徒在安息日必须休息，不能做任何事情。但是，这位长老实在忍受不住，决定偷偷地去高尔夫球场。

来到高尔夫球场，空旷的球场上一个人也没有。长老高兴地想：反正也没人看见我在打高尔夫球，我只要打九个洞就回去，应该没什么问题吧！

于是，长老高兴地开始打球。他刚打第二洞，就被天使发现了。天使非常生气，就到上帝面前去告状，要求上帝惩罚这位长老。

上帝答应天使要惩罚长老。

这时，长老正在打第三洞。只见他轻轻地一挥球杆，球就进洞了。这一球是多么完美，长老高兴极了！

天使默默地注视着这一切。令她意外的是，接下来的几个球，长老都是一杆就打进去了。天使非常不解，而且非常生气。她又跑到上帝面前说："上帝呀，你不是要惩罚这位长老吗？怎么不惩罚他呢？"

上帝说："我已经在惩罚他了！"

天使看了看长老，只见极度兴奋的长老，早已忘记自己只打九洞的计划，决定再打九洞。天使不解地问上帝："我怎么没见您在惩罚他？"上帝笑而不语。

这位长老又打完了九洞，每次都是一杆就进洞，长老心里很高兴，但是，不一会儿，他就露出了不悦的表情。

上帝语重心长地对天使说："你看见了吗？他取得了这么优秀的成绩，心里十分高兴，但是他却不能跟任何人讲这件事情，不能跟任何人分享心中的愉悦，这不是对他最好的惩罚吗？"

天使这才恍然大悟。

分享是一种美德，更是一种快乐。萧伯纳曾经说过："你有一个苹果，我有一个苹果，彼此交换，每个人只有一个苹果。你有一种思想，我有一种思想，彼此交换，每个人就有了两种思想。"分享能够让人减少痛苦，获得快乐。一个人在生活中需要与人分享自己的痛苦和快乐，没有分享，他的人生就是一种"惩罚"。

在社会交往的过程中，拥有与人分享的良好心态，才能得到他人的帮助。

朋友，把你的快乐和幸福与别人分享吧，你分给别人的快乐越多，你获得的快乐就会越多。

2.当众拥抱你的"敌人"

竞技场上比赛开始前，双方都要握手、敬礼或拥抱，比赛后也一样重复一次，这是最常见的当众拥抱你的"敌人"。政治人物也常这么做，明明是恨死了的政敌，见了面仍然要微笑着握手寒暄。

当然，当众拥抱你的"敌人"，对于平常生活中的绝大部分人来说很难做到，因为绝大部分人看到"敌人"都会有灭之而后快的冲动，若环境不允许或没有能力，至少也会保持一种冷淡的态度或说些让对方不舒服的话。可见要拥抱"敌人"是多么难！

因为难，所以人的成就才有大有小，能当众拥抱"敌人"的人所做出的成就往往比不能拥抱"敌人"的人所做出的成就要大！

为什么这么说呢？首先，因为能当众拥抱"敌人"的人是站在主动地位上的，采取主动的人能"制人而不受制于人"。采取主动，不只迷惑了对方，也迷惑了第三者，搞不清楚你和对方到底是敌是友，甚至会误认你们已"化敌为友"。是敌是友只有你自己明白，但你的主动，却使对方处于"应战"的被动态势，如果对方不能也"拥抱"你，那么他将得到"心眼太小"之类的评语。所以当众拥抱你的"敌人"，无论从哪个方面来看，你都是赢家！其次，当众拥抱你的"敌人"时，可在某种程度之内降低对方对你的敌意，也可能避免恶化你对对方的敌意，免得敌意鲜明，反而阻挡了自己的去路与退路。

最重要的是，当众拥抱"敌人"久了会成为习惯，慢慢地会让你与人相处时能进退自如，这正是成就大事业的本钱！

事实上，要当众拥抱你的"敌人"并不难，只要你能克服心理障碍，你可以这么做：

——在言语上拥抱你的"敌人",例如公开关心对方、称赞对方,表示你的"诚恳",但切忌显得虚假,否则会造成相反效果!

——在肢体上拥抱你的"敌人",例如握手、拥抱等。尤其是握手,你伸出手来,对方好意思缩手吗?

其实竞争对手是你的一笔财富!可以说,成功者的一部分成就来自他的"对手"。对手倦怠,所以我们慵懒;对手紧逼,所以我们更加努力;对手出色,所以我们拔萃——竞争时代,理解"对手"的意义或许比什么都重要。

成功者不会想做那些无聊而且无用的事情,他们会尊重对手,因为他们比一般人更能接受客观现实。

他们认为,拥抱对手,自己会拥有更广阔的天空!他们经常把对手当做伙伴,在竞争中提高自己的智慧和能力。他们认为对手不仅是敌人,也是学习的对象,甚至会祝愿对手成功,携手走向辉煌。

互相拆台只会两败俱伤。但是由于种种原因,有的人把对手当作死敌,嫉妒对手的成功,结果用各种卑鄙的手段去攻击对手。这种做法非常不可取!取而代之,应伸出你的手,去握对手的手!

洛克是旧金山一个水泥厂的老板,由于重合同守信用,所以生意一直很红火。但在另一位水泥商罗斯进入旧金山后,情况有了变化。罗斯在洛克的经销区内告诉建筑师、承包商,说洛克公司的水泥质量不好且公司面临着倒闭。

洛克虽然并不认为罗斯的造谣能够严重伤害他的生意,但还是使他心生无名之火。

有一天,罗斯使洛克失去了一份3万吨水泥的订单,洛克非常愤怒,去见牧师,但牧师劝他以德报怨、化敌为友。

于是洛克在一次酒会上将他的一位顾客介绍给了罗斯。因为他的顾客所需要的水泥型号不是他公司所能生产的,与罗斯生产出售的水泥型号相同。当时罗斯并不知道有这笔生意。

洛克的做法让罗斯大吃一惊并非常尴尬。罗斯难堪得说不出一句话来,他发自内心地感激洛克的帮助,他停止了散布有关洛克的谣言,而且同样把他无法处理的生意也交给洛克做。

后来，旧金山所有的水泥生意都被他俩垄断了。

"不要报复，化敌为友"无疑是洛克在这一过程中取得的最宝贵经验。

报复是快意的。给小人予以迎头痛击，想来该是多么痛快。既然你已在想象中尝过报复的快感，就赶快丢掉它。你如果有"退一步海阔天空"的胸襟，一定会取得更惊人的成功。

感谢敌人和对手吧，因为正是他们使你变得伟大和杰出。

3.善待他人等于善待自己

要想别人善待你，你就应该善待别人，不要暴躁、不要冲动、不要逞强，凡事三思而行。做一个宽厚、善良、善待他人的人。

一位妇女因为丈夫不再喜欢她了而烦恼。于是，她祈求神给她帮助，教会他一些吸引丈夫的方法。神思索了一会儿对她说："我也许能帮你，但是在教会你方法前，你必须从活狮子身上摘下三根毛给我。"

有一头凶猛的狮子常常来村里游荡，吼叫起来十分吓人，怎么能接近它呢？但是，为了挽回丈夫的心，她还是想到了一个办法。

第二天早晨，她早早起床，牵了只小羊去那头狮子常去的地方，放下小羊她便回家了。以后每天早晨她都要牵一只小羊给狮子。不久，这头狮子便认识了她，因为她总是在同一时间、同一地点放一只小羊讨它喜欢。

不久，狮子一见到她便开始向她摇尾巴打招呼，并走近她，让她敲它的头、摸它的背。

每天女人都会站在那儿，轻轻地拍狮子的头。女人知道狮子已经完全信任她了，于是，有一天，她细心地从狮子鬃上拔了三根毛。她激动地拿给神看，神惊奇地问："你用什么绝招弄来的？"

女人讲了经过，神笑了起来，说道："依你驯服狮子的方法去驯服你的丈夫吧！"

善待他人，连勇猛的狮子都能被她的温柔所折服，更何况一般的人呢？善待周围的一切人，周围的一切人都会善待你。

1898年冬天，罗吉士继承了一个牧场。有一天，他养的一头牛因冲破附近农家的篱笆去啃食嫩玉米而被农夫杀死了。按照牧场规矩，农夫应该通知罗吉士，说明原因。但农夫没这样做。罗吉士发现了这件事，非常生气，便叫一名佣工陪他骑马去和农夫理论。

他们半路上遇到寒流，人、马身上都挂满冰霜，两人差点冻僵了。抵达木屋的时候，农夫不在家。农夫的妻子热情地邀请两位客人进去烤火，等她丈夫回来。罗吉士在烤火时，看见那女人消瘦憔悴，也发现五个躲在桌椅后面对他窥探的孩子瘦得像小猴一样。

农夫回来了，妻子告诉他罗吉士和佣工是冒着狂风严寒来的。罗吉士刚要开口跟农夫理论，忽然决定不说了。他伸出了手。农夫不晓得罗吉士的来意，便和他握手，留他们吃晚饭。"二位只好吃些豆子，"他抱歉地说，"因为刚刚在宰牛，忽然起了风，没能宰好。"

盛情难却，两人便留下了。

在吃饭的时候，佣工一直等待罗吉士开口讲起杀牛的事，但是罗吉士只跟这家人说说笑笑，看着孩子一听说从明天起几个星期都有牛肉吃，便高兴得眼睛发亮。

饭后，风仍在怒号，主人夫妇一定要两位客人住下。于是，两人又在那里过夜。

第二天早上，两人喝了黑咖啡，吃了热豆子和面包，肚子饱饱地上路了。罗吉士对此行的来意依然闭口不提。佣工就责备他："我还以为你为了那头牛大兴问罪呢！"

罗吉士半晌不作声，然后回答："我本来有这个念头，但是我后来又盘算了一下。你知道吗，我实际上并未白白失掉一头牛，我换到了一点人情味。世界上的牛何止千万，人情味却稀罕。"

一个人冒犯你或许会有某种值得同情的原因，罗吉士面对善良的农夫和他的妻子，彻底原谅了他们。在牛与人情味之间，罗吉士更珍视后者。

4.诚实是一种大智慧

现实生活中，人们常常把智慧的桂冠送给那些喜欢耍小聪明和耍"小手腕"的人，而对那些办事规矩的老实人，往往以"死脑筋"称之，因而使许多老实人产生了自卑心理，以为自己真的缺少智慧，在如何为人处世上陷入困惑。

在一些"老实的人吃亏""老实就是无用的代名词"这种社会偏见的笼罩下，有人可能曾经也为诚实付出过代价，但请相信，那些自以为聪明，得意一时，爱骗人的伪君子，最终会被淘汰。可以试想一下，当别人向我们表示信任时，我们想要回报对方的愿望几乎是无法控制的。

小郝的表妹从农村来到城里找工作，她对小郝说："姐，我没有学历，也没有什么工作经验，恐怕是没人要我吧？"小郝想了想，告诉表妹："求职是需要技巧的，你不能实话实说，面试时撒点小谎也是可以的。"说完，塞给了表妹几本《求职技巧大全》《成功面试一百零八例》之类的职场指导类图书，让她参考参考。

一天，小郝去表妹租住的房间，竟然看到她送给表妹的书连翻都没翻过，便隐隐地为表妹担心，怕她在激烈的求职竞争中败下阵来。

可是没几天，表妹竟然兴高采烈地来找小郝。原来，表妹找到了好工作，在市内知名外资公司担任产品推广员。推广员的工作便是在市区或居民区发放小礼品，并回收市场调查表。因为公司派出的小礼品吸引力比较大，所以该职位的工作较轻松，是块不错的"香饽饽"。

小郝不知道一无学历、二无工作经验的表妹是如何被百里挑一选中的，所以小郝很关心表妹成功求职的经过。表妹也毫不隐瞒，她告诉小郝，她没有带简历或学历，也没像其他求职者那样漫无边际地渲染自己的能力。表妹非常坦白地告诉面试的主考官，来自农村的她几乎是一张白纸，有的只是诚实的秉性和不怕吃苦的精神，更重要的是她不敢不努力，因为口袋里的生活费已经不够了。

主考官并没"嫌弃"小郝表妹这个农村妹子，而是在会心一笑后说："你是唯一一个本色面试的求职者，没粉饰自己的过去，也不隐瞒自己的现在。诚实是一种不可或缺的力量，这是你最大的财富。恭喜你，三天后来报到上班吧！"

下面也是一个求职的故事，不同的结果却告诉了我们相同的道理。

一名在德国留学的中国学生，毕业时成绩优异，他在德国四处求职，却被很多家大公司拒绝，后来他只好选择了一家小公司去求职，但没想到仍然被拒。而各个公司都不愿聘用他的原因是：他有三次乘坐公共汽车逃票且被捉的记录！在德国抽查逃票一般被查到的概率是万分之三，这位高才生居然被抓住3次逃票，在严肃、严谨的德国人看来，大概那是永远不可饶恕的。

老实人看似缺少所谓的"智慧"，实际上，诚实才是真正的"大智慧"。诚实是人能保持的最为高尚的品性。

诚信是一种最好的能力，它能赢得别人的信赖。以诚实和善良待人，送出的是温暖，给自己带来的是幸福。除了天资、信仰、信息、人际关系外，诚信是你取得成功的重要利器。

诚实是一种大智慧，诚实的人可以说是聪明的人。古人讲："人心一真，便霜可飞，城可陨，金石可开。若伪妄之人，形骸徒具，真宰已亡，对人则面目可憎，独居则形影自愧。"意思是说，人的心灵只要真诚了，便可以使五月的天空飞霜，使城墙倾倒、金石洞穿；如果一个人虚假妄为，就等于空有一副躯壳，灵魂已经丧失，其行为必然会令人厌恶，独自一人时也会为自己的行为感到愧疚。这实际上是告诉我们，真诚老实人被人所拥戴，虚伪狡诈必遭唾弃。

商界中，诚实守信更是商家制胜的法宝。旧时中国店铺的门口，一般都写有"货真价实，童叟无欺"八个字。《左传》中说："信不由中，质无益也。"在商品买卖中，就提倡公平交易、诚实待客、不欺诈、不作假的行业道德。对于商人而言，如果没有养成遵守信用的习惯，那么就不可能取得别人的信任，生意也就很难做。李嘉诚曾戏言自己不是"做生意的料"，因为他觉得自己不会骗人，不符合中国人无商不奸的标准，令人感叹的是，偏偏是这么一块"废料"做成了全亚洲独一无二的大生意。这样的例子实在是举不胜举。所有成功的人背后都有一个坚强的后盾——诚实。他们对所有事情的承诺能不计任何代价地去达成。

小胜靠谋，大胜靠德。诚信是金，守信即是市场经济应该和必须遵守的法则，也是人生最宝贵的财富。诚实、守信能帮助你的人生之舟在波涛汹涌的大海上移步航行，能让你得到生死朋友，赢得宝贵的友谊。

甚至，信任是影响一个国家经济健康的最有力的因素之一。在信任程度较低的时候，个人和组织在参与经济交易时就会更警惕，这可能会抑制国家经济。密歇根大学对世界各国人提出同样的问题："你认为一般来说，陌生人都可以信任吗？"肯定回答的比率相差甚远，从挪威的约65%，直到巴西的5%左右。那些信任率低于30%的国家可能落入因为怀疑而导致的贫困。

世上没有比一个失去诚实、廉正和自尊的人更穷的人了。如果你不廉正诚实，不管你有多少钱，你都不会感到富有，你所有的积蓄都是短暂的。用不实和欺骗来获得财富，就等于用沙子去盖房子，是不会长久存在的。

5.在刁难面前保持理智

面对各种刁难，我们常常会失去理性。有时候，我们很难控制自己的情绪，表现出某种行为，它与人的情商（EQ）有一定的相关性。这种行为的主要表现为责任心淡薄，对批评反应强烈，甚至有时发生暴力行为，缺乏理智，有时说谎、易怒，以自我为中心等。其性格类型表现为常跟他人冲突，有显示自己力量的大胆举动，倾向于恶意地解释各种社会现象，以反抗的态度来显示自己的倾向性。这种行为较严重的人应注意积极地调整自己的情绪，用理智的力量来控制、转移和调整自己的心态。

20世纪60年代早期的美国，有一位很有才华、曾经做过大学校长的人竞选美国中西部某州的议会议员。此人资历很高，又精明能干、博学多识，看起来很有希望赢得选举的胜利。但是在选举的中期，有一个很小的谣言散布开来：三四年前，在该州首府举行的一次教育大会中，他跟一位年轻女教师"有那么一点暧昧的行为"。这实在是一个弥天大谎，这位候选人对此感到非常愤怒，并尽力想要为自己辩解。由于按捺不住对这一恶毒谣言的怒火，在以后的每一次集会中，他都要站起来极力澄清事实，证明自己的清白。其实，大部分选民根本没有听到过这件事，但是，现在人们却愈来愈相信有那么一回事。公众们振振有词地反问："如果你真是无辜的，为什么要百般为自己辩解呢？"如此火上浇油，这位候选人的情绪变得更坏，也更加气急败坏、声嘶力竭地在各种场合为自己洗刷，谴责谣言的传播。然而，这却更使人们对谣言信以为真。最悲哀的是，连他的太太也开始转而相信谣言，夫妻之间的亲密关系被破坏殆尽。最后他失败了，从此一蹶不振。

人们在生活中有时会遇到恶意的指控、陷害，经常会遇到种种不如意。有的人会因此大动肝火，把事情搞得越来越糟。而有的人则能很好地控制住自己的情绪，泰然自若地面对各种刁难和不如意，在生活中立于不败之地。

1980年，在美国总统大选期间，里根有一次关键的电视辩论，面对竞选对手卡特对他在当演员时期的生活作风问题发起的蓄意攻击，里根丝毫没有愤怒的表示，只是微微一笑，镇静地调侃说："你又来这一套了。"一时间引得听众哈哈大笑，反而把卡特推入尴尬的境地，从而为自己赢得了更多选民的信赖和支持，并最终获得了大选的胜利。

缺乏自我控制能力的人想必已经明白，生活在社会中，为了更好地适应社会、取得成功，有必要控制自己的情绪情感，理智地、客观地处理问题。但是控制并不等于压抑，积极的情感可以激励人们进取上进，加强与他人之间的交流与合作。如果把自己的许多能量消耗在抑制情感上,不仅容易患病,而且将没有足够的能量对外界作出强有力的反应。因而一个高情商的人应是一个能成熟的调控自己情绪、情感的人。那么,如何正确地调整自己的情绪呢?你必须有正确的人生态度。在现实生活中,我们经常可以看到,面对同样的环境和遭遇,人的情绪反应有很大的差异。正确的人生态度,能帮助我们调整看问题的角度,帮助我们想通许多问题,缓解不良情绪,培养积极、健康的情绪。具有宽广的胸怀和豁达的心胸是保持积极、乐观情绪的基本条件。那些在情绪上容易大起大落,经常陷入不良情绪状态的人,几乎都是心胸狭隘的人。

如果能扩大生活面和知识面,在精神上充实自己,为丰富多彩的生活所吸引,不计较眼前得失,心胸自然就会豁达起来,情绪也不会如此波动了。要热爱生活,学会调节人际关系。对生活缺乏情趣的人,或是人际关系不良的人,精神上没有寄托,思想不安定,情绪就不稳定,容易产生神经质。反之,一个热爱生活并具有良好人际关系的人,就会在自己的身边形成一个比较和谐、融洽的氛围。这种氛围从客观上又促进了自己,使自己心情舒畅、身心健康。

下面是一些有效克服神经质、调节自我情绪的方法:

第一,正确地认识危机。人生中诸如疾病、死亡、破产等很难意料的事件,常影响人的心理。虽然人们完全有能力处理这类事情,但这需要时间,过分的焦急不仅于事无补,还会把事情办坏。

第二,当预感到紧张会出现时,你可在头脑中设想一下如何处理它,回想一下过去是怎样应对的,回想一下你所尊敬的人是如何处理的,这样就可以减少焦虑,避免碰钉子了。

第三,平时多休息,可以减少你的紧张感与神经质。获得足够的休息对身体极为有益,能使你振作精神、恢复精力。

第四,当你试图掩盖某一件事情时,常常带来紧张情绪。但当你抱着不回避的心态坦然面对时,压力无形之中就会减轻,紧张感就会减少。

第五,当你发现自己的情绪无法控制时,不妨用下列方法尽快从这种情境中摆脱出来:脱身离开那里,想一想别人在这种情境中会扮演怎样的角色,设想你已解决了一个难题而处在喜悦中,向有同情心的人倾诉自己的想法。

6.示人以诚,取信于人

在意大利的罗马城,有一座有名的雕像,是一位老人张着大口,好像在呼喊什么。这座雕像非常有名,传说一个人如果把手伸进老人的嘴里,就可以知道这个人是诚实的还是虚伪的,对于诚实的人,他的手会安然无恙,如果是个不诚实、虚伪的人,他的手就会被雕像咬掉。传说虽是这样,但是千百年来,从未听说过这座雕像曾咬掉过谁的手。这座雕像的存在,以及关于它的传说只不过说明了人世间的真诚是难以考验的,而也正由于它的难以考验,不真诚才永远不能绝迹,人们对真诚的向往同样也永远不消失。

只有守信用,才能取信于人。一个人没有信用,人生途中就会寸步难行。一旦约定,就要努力去兑现,出尔反尔,会让人对你失去信任,此乃人生一大忌。

所谓"守信用",就是说到一定要做到。这听起来既简单又合理,但是绝大部分人是很难做到的。

一言既出,驷马难追。圣人接触别人,小心言行,不为防人,只为防口。人之口舌软而无视,人与人之间,舌之作用可当得半个人。例如身处高位的人,一咳嗽一眨眼都会引起下属的关注。

五出祁山时,诸葛亮鉴于前几次出祁山所导致的久战兵疲,采纳了长史杨仪的建议,把兵力分为两部分,轮番出击。第一批兵力率先出征,过了一百天再由第二批兵力替回,第二批兵力出征百天后,再由经过休整的第一批兵力替回,如此循环轮换,保证了军队士气的持久。为使轮番出击的战术得以顺利实施,诸葛亮明令规定:"违限者按军法处置"。

兵出祁山后,后方粮草屡催不到,营中缺粮。诸葛亮攻下卤城后施计抢割陇上麦,用来补充军粮。然后又在卤城外设下伏兵,击败魏军的偷袭。司马懿发檄文征调雍、凉二州的20万人马前来助战。此时，蜀兵轮换期已到，后方汉中的兵马已经出了川口，送来公文，只待会兵交换，诸葛亮传令前线军兵返回后方，征战百日的士兵们各个收拾行装，准备归程。

正在这时，孔礼引领的雍、凉人马20万已经来到，与郭淮会合，去攻袭剑阁，企图截断蜀兵的归路。司马懿亲自率兵攻打卤城。蜀兵听后都很惊恐，形势危急。杨仪建议诸葛亮变通一下，先留下旧兵退敌，待新兵来到再换班。

诸葛亮断然说："治国治军必须以信为本。老兵们归心似箭，他们家中的父母妻儿也盼亲人回来望眼欲穿。我怎么能因一时的需要而失信于军民呢？"说完，下令各部，让服役期满的老兵速速返乡。

诸葛亮的命令一下，老兵们几乎不相信自己的耳朵，随后，一个个热泪盈眶、激动不已。这一来，老兵们反而不走了，"丞相待我们恩重如山，如今正是用人之际，我们要奋勇杀敌，报答丞相！"老兵们的激情对在役的士兵更是莫大的鼓励。蜀军上下，群情激奋，士气高昂。

五出祁山，诸葛亮虽然没能取得预期的功绩。但他设计诱杀了魏军大将张郃，又在形势对自己不利的情况下平安地率领蜀军撤退回国，这不能不说有4万服役期满的老兵的功劳。

司马光曾经说过：信义，是君王的最大法宝。国家靠人民保护，人民靠信义保护，不讲信义，就无法使唤人民，没有人民，就没有办法守卫国家。所以，善于治理国家的人，不欺骗自己的臣民；善于持家的人，不欺骗自己的亲人。如果上下离心离德，最终导致失败。这岂不是太可悲了吗？

一个诚实的人是值得信赖的，他不会当面说别人的好话，背后却陷害人。他不会违心地骗取他人的好感，换来对方对自己的信任，而达到自己不可告人的目的。诚实的人是光明磊落的，他的心灵会毫无遮掩地向朋友、同事等开放，他忠实于自己，也忠实于别人。

古往今来，"诚信"一向被中国人视为修身之本，是待人处世的道德规范。这也是中国传统的管理思想中所重视的"贤能"的一个重要标准。儒家思想强调"民无信不立"，宣扬"货真价实，童叟无欺"，要求商人要"笃实至诚"。从商品经济发展史来看，无论中外，商品经济越发达，商业精神越旺盛，就越是恪守信用。"无商不奸"这句话并不能反映商业的本质，也不适应市场经济的根本要求。其实，商的本质是信，而不是奸。因为成功的企业家都清醒地认识到：唯诚与信，才会给企业、给企业家带来较高的信誉，从而带来较高的利润。

我国台湾声宝董事长陈茂榜，他的创业成功，凭的不是充足的金钱，而是靠两个字——"诚"与"信"。

陈茂榜24岁时，以100元开了家电器行，由于资金不足，他只好以50元为一单位，分别分给两家电器中间商做保证金，然后向他们提货来卖。

由于陈茂榜做人诚实，做生意时特别讲究信誉，因此，这两家中间商都很信任陈茂榜，所以50元的保证金只不过是一种形式，其实陈茂榜向他们所提的货高达500元，即保证金的十倍，由此可见，"诚"与"信"有时比之金钱更有价值。

做生意第一要诀就是诚实，只有真诚待人，才能做成大生意。弄虚作假，只能是一锤子买卖，终究是要弄巧成拙、惨遭失败的。

对于企业来说，声誉和信用是生命之本。综观现代企业中那些在竞争中被淘汰的公司，多数是因为企业的声誉和信用受到了怀疑或否定所导致。所以，许多知名企业家经营之道中将企业的声誉和信用放在首位，充分显示了他们在商业竞争中所具有的远见卓识。

假如想要创立一项长久而富效益的事业，就必须准备长期与别人合作。你的产品，加上执行守信用原则的能力，将决定着你能否在长期的经营中取得成功。如果想要事业长盛不衰，就必须塑造这样的成功形象。

在现实生活中，与人相交、相处，都要以诚心待人，以善意待人，以和气待人，以礼貌待人。不管对师对友，对上对下，总要以诚意相待。中国人处理人际关系最重视的就是"信"，人无信不立。守时、守约是美德，切勿轻诺寡信，失信于人。

7.宽容地对待别人

孟子说：君子之所以异于常人，便是在于能时时自我反省。即使受到他人不合理的对待，也必定先反省自己本身，自问："我是否做到了仁的境地？是否缺礼？否则别人为何如此对待我呢？"直到自我反省的结果合于仁也合乎礼了。而对方强横的态度却仍然不改。那么君子又必须反问自己："我一定还有不够真诚的地方。"再反省的结果是自己没有不够真诚的地方，而对方强横的态度依然如故，君子这时才感慨地说："他不过是个小人罢了。这种人和禽兽又有何差别呢？对于禽兽是根本不需要斤斤计较的。"孟子的话启示我们，一个真正有大胸襟、大气度的人，在与别人发生矛盾、冲突后，不仅不会同非原则性的问题喋喋不休、抓住不放，不仅只是不计小人之过，而且关键是能严于责己的精神，只有具备严于责己的态度，才能真正不计小人之过，真正地谦恭。

大至国家的君臣，小至个人私交，发生矛盾之后，如果双方都有责己的雅量，则任何矛盾都不难解决。如果只把眼睛盯着对方，只知道责备对方，不检讨自己，隔阂、怨恨就会越积越深，以至矛盾激化。

即使过失的责任在别人身上，或者主要在别人身上，在批评别人的时候，也要有"见不贤而自省"的气度。既责人，又责己；先正己，后正人。这就是古人说"责人者必先自责，成人者必先自成，专责己者兼可成人之善，专责人者适以长己之恶"。（清李惺《西沤外集·药言利稿》）责己就是从我做起，以实际行动和活的榜样去教育人、感化人。这样，别人才会心悦诚服，教育批评才能起作用。如果只责人，不责己，就会助长自己的错误。这种人自身不正，去批评教育别人，又有谁会听呢！

历史上具有人格感召力的人都是严于律己的。诸葛亮为蜀之相国，"善无微而不赏，恶无纤而不贬"，但"刑政虽峻而无怨者"。这不仅因为他"用心平而劝戒明"，还因为他严于律己，以身作则。街亭之役，马谡违反诸葛亮的节度，举动失宜，使蜀军大败。诸葛亮既斩了马谡，又上疏检讨自己，"授任无方"、用人不当的过失，自贬三级。

宽容不会失去什么，相反会真正得到；得到的不只是一个人，更是得到人的心。要做到宽容，领导者首先要有宽广的心胸，善于求同存异，虚心听取各种不同的意见和建议，不要总是对一些细枝末节斤斤计较，更不要对一些陈年旧账念念不忘，因为领导者的一言一行都可以成为属下参照的对象。

日本松下公司的创始人松下幸之助以其管理方法先进，被商界奉为神明。他就是一位心胸非常宽广的人。

后腾清一原是三洋公司的副董事长，慕名松下，投奔到松下幸之助的公司，担任厂长。他本想大有作为，不料，由于他的失误，一场大火将工厂烧成一片废墟。后腾清一十分惶恐，因为不仅厂长的职务保不住，还很可能被追究刑事责任。他知道平时松下幸之助是不会姑息部下的过错的，有时为了一点小事也会发火。但这一次让后腾清一感到欣慰的是松下幸之助连问也不问，只在他的报告后批示了四个字："好好干吧。"

松下幸之助的做法看似不可理解，这样大的事故竟然不闻不问。其实这正是松下幸之助的精明之举。

后腾清一的错误已经铸下，再深究也不能挽回公司的经济损失。在犯小错误时，大多数人并不介意，所以需要严加管教，而犯了大错误，任何人都知道自省，所以上司也就没有必要再多说什么了。松下幸之助的做法深深地打动了下属的心，由于这次火灾发生后，后腾清一没有受到惩罚，后腾清一自然会心怀愧疚，对松下幸之助更加忠心效命，并以加倍的工作来回报松下幸之助的宽容。松下幸之助用自己的宽容换得了后腾清一的拥戴。

聪明的上司懂得宽容之心在企业管理中的重要性。宽容犹如春天，可使万物生长，成就一片阳春景象。不计过失是宽容，不计前嫌是宽容，得失不久据于心，亦是宽容。宽容之所以必要，一则因为宽容可以赢得下属的忠诚，保持其积极进取的心；二则因为宽容可以使自己不受一时得失的影响，而保持对事情正确的判断；三则因为宽容可以建立企业内部融洽的关系。

宽以待人的上司看似糊涂、软弱，实则其为自身发展创造了良好条件，聪明上司的精明之处便在于此。以宽容对待狭隘，以礼貌、谦恭对待冷嘲热讽。不将心思牵于一事一物，不将一丝哀怨气恼挂在心头，这是作为一位领导者理应具备的容人雅量。

在日常生活中，有一种人往往是责人则明，责己则昏；责人则严，责己则宽。对社会上的不良现象，可以评议指责，但不能身体力行，从自己做起。因为批评指责是针对别人的，往往会不顾事实，不讲分寸，甚至捕风捉影，信口开河。这种批评指责不仅影响真诚和谐的人际关系，还助长了言行不一、清谈空议、惹是生非的不良风气。

韩愈曾作《原毁》一文，考虑当时士大夫阶层嫉贤妒能，毁谤他人的不良风气的思想根源。文章指出："古之君子，其责己也重以周，其待人也轻以约"；"今之君子则不然，其责人也详，其待己也廉"。这是对人对己的两种不同态度：一种是对自己的要求严格、全面，对别人的要求宽厚、简约；另一种是对别人的要求很周详，对自己的要求则低而少。

文章认为：为什么会有两种不同的态度，是由于对人对己要求的标准不同。"古之君子"以舜和周公这样的圣贤为标准，认为他们能做到的，自己也应该做到。因而对自己的要求就严格而周全；对别人则先看到他的优点和进步，"取其一不究其二，即图其新不究其旧"，唯恐损害别人为善的积极性。这样，对别人的要求自然就宽厚而简约了。"今之君子"则不然，他们以圣人的标准要求别人"举其一不计其十，究其旧不图其新"，唯恐别人有好名声。他们对自己的要求则比普通人还低，"外以欺于人，内以欺于心"，还没有取得一点进步就停止了。这样，他们责人周、责己廉，也就不奇怪了。文章进一步揭露了"今之君子"对人严、对己宽的思想根源在于"怠"与"忌"两个字；"怠者不能修，而忌者畏人修"。自己懒惰懈怠，不求进步，又嫉妒别人进步，因此，"事修而谤兴，高而毁来"。谁办成好事，谁有高尚的品德，就会受到他们的诽谤打击。韩愈对世态人情的剖析,可谓入木三分。韩愈的见解与庄子的观点实际上是一致的。

今天,我们领会韩愈的《原毁》,仍然可以获得有益的启示。首先,对人严、对己宽的问题,当今仍然普遍存在,而问题的实质也是对人对己要求的标准不同。看别人的缺点多,看自己的优点多;批评别人往往苛刻求全,攻其一点,不及其余,不看别人的现实表现而纠缠过去的恩怨是非;批评自己的时候则轻描淡写,强调客观,覆短护私。出现这种情况,也和"怠"与"忌"不无关系:自己不求进步,不思进取,又害怕别人进步,获得成就和名声。因此我们应该改掉这种不健康的心理,改变这种不健康的风气,用高标准要求自己,严格检查自己思想上、工作上的缺点,同时以宽厚的态度对待别人,鼓励、支持别人从善向上的积极性。

8.有所选择就要有所放弃

在人生旅途中,时时刻刻都在面临放弃和被放弃。但必须明白,并不是所有的探索都能发现鲜为人知的奥秘,并不是所有的跋涉都能抵达胜利的彼岸,并不是每一滴汗水都会有收获,并不是每一个故事都会有美丽的结局。我们应该学会放弃,明白这点,也许你就会在失败、迷茫、愁闷时,找到平衡点,找回自己的人生坐标。

从前有个孩子,手伸到一只装满榛果的瓶里,他尽其所能地抓了一大把榛果,当他想把手收回时,手却被瓶口卡住了。他既不愿放弃榛果,又不能把手抽出来,不禁伤心地哭了。这时一个旁人告诉他:"只拿一半,让你的拳头小些,那么你的手就可以很容易地抽出来了。"

贪婪是大多数人的毛病,有时候只抓住自己想要的东西不放,就会为自己带来压力、痛苦、焦虑和不安。往往什么都不愿放弃的人,结果却什么也得不到。

放弃是一种智慧。尽管你的精力过人,志向远大,但时间不容许你在一定时间内同时完成许多事情，正所谓："心有余而力不足。"就如把眼前的一大堆食物塞进嘴里，塞得太满，不仅肠胃消化不了，连嘴巴都要撑破了。在众多的目标中，我们必须依据现实，有所放弃，有所选择。

一位精神病医生有多年的临床经验，在他退休后，撰写了一本医治心理疾病的专著。这本书足足有一千多页。书中有各种病情描述和药物、情绪治疗办法。

有一次，他受邀到一所大学讲课，在课堂上，他拿出了这本厚厚的著作，说："这本书有一千多页，里面有治疗方法三千多种，药物一万多样，但所有的内容，只有四个字。"

说完，他在黑板上写下了"如果，下次。"

这位医生说，造成自己精神消耗和折磨的全是"如果"这两个字，"如果我考进了大学""如果我当年不放弃她""如果我当年能换一项工作"……

医治方法有数千种，但最终的办法只有一种，就是把"如果"改成"下次"，"下次我有机会再去进修""下次我不会放弃所爱的人"……

钱钟书在《围城》中讲过一个十分有趣的故事。天下有两种人，譬如一串葡萄到手后，一种人挑最好的先吃，另一种人把最好的留在最后吃，但两种人都感到不快乐。先吃最好的葡萄的人认为他拿的葡萄越来越差；把好的留在最后吃的人认为他吃的每一颗都是葡萄中最坏的。原因在于，第一种人只有回忆，他常用以前的东西来衡量现在，所以不快乐；第二种人刚好与之相反，同样不快乐。

其实第一种人完全可以这样想：我已经吃到了最好的葡萄，有什么好后悔的；第二种人也可以这样想：我留下的葡萄和以前相比，都是最棒的，为什么要不开心呢？

这其实就是生活态度问题，它决定了一个人的喜怒哀乐。

如果一生不懂得去选择，也不懂得去放弃，那一辈子就永远也没有快乐。

漫漫人生路，只有学会放弃，才能轻装前进，才能不断有所收获。一个人倘若将一生的所得都背负在身，那么纵使他有一副钢筋铁骨，也会被压倒在地。在人生的关键时刻，懂得放弃小利益，不为小恩小惠所动，这可以说是一本万利，是很难得的。当然，用自己的利益做赌注，即使再小，也不是任何人都愿意去做的，这就要求我们要有长远的眼光，要敢于下注。

有一个聪明的年轻人，很想在一切方面都比他身边的人强，他尤其想成为一名大学问家。可是，许多年过去了，他的其他方面都不错，学业却没有长进。他很苦恼，就去向一个大师求教。

大师说："我们登山吧，到山顶你就知道该如何做了。"

那山上有许多晶莹的小石头，甚是迷人。每见到他喜欢的石头，大师就让他装进袋子里背着，很快，他就吃不消了。"大师，再背，别说到山顶了，恐怕连动也不能动了。"他疑惑地望着大师。"是呀，那该怎么办呢？"大师微微一笑："该放下，不放下石头怎能登山呢？"

年轻人一愣，忽觉心中一亮，向大师道了谢走了。之后，他一心做学问，进步飞快……

其实，人要有所得必要有所失，只有学会放弃，才有可能登上人生的极致高峰。

在电影《卧虎藏龙》中有这样的一个场景，男女主角坐在一个凉亭之中，背景是一片翠绿的竹林，凉风徐徐地吹来，一片与世无争的怡然自得。之中有一句对白是这样说的："我的师父常说，把手握紧，里面什么也没有，把手放开，你得到的是一切！"

生活并不是一帆风顺的，很多时候我们需要学会放手，放手不代表对生活的失职，它也是人生中的契机。然而学会放手要比学会紧握更难得，因为那需要更多的勇气。

放弃是一种睿智，是一种豁达；放弃是金，是一门学问；放弃是对美好事物发展的又一个开始，是新的起点，是错误的终结。它不盲目，不狭隘。放弃，对心境是一种宽松，对心灵是一种滋润，它驱散了乌云，它清扫了心房。有了它，人生才能有爽朗坦然的心境；有了它，生活才会阳光灿烂。所以，朋友们，把包袱卸下，放开你心里的风筝线，不要让风筝把心带走，让你的心和风筝一样自由地翱翔！别忘了，在生活中还有一种智慧叫"放弃"！

9.救人一定要救急

在日常生活中，每个人都不可能不有求于人，也不可能没有助人之时。当打算帮助别人的时候，请记住一条规则：救人一定要救急。其中的道理很简单：如果他人有求于你了，这说明他正等待着有人来相助，如果你已经应允了，那就必须及时相助。一旦你答应帮助他人，对方在心存感激之余当然会把希望完全寄托在你的身上，如果你最后帮得不及时或者没有去帮，那只能适得其反，你反而会遭到怨恨。

对身处困境中的人仅仅有同情之心是不够的，而应尽自己最大的努力给予具体的帮助，使其渡过难关，这种雪中送炭，分忧解难的行为最易引起对方的感激之情，进而增进彼此的友情。

一个老乡做生意赔了本，他向几位朋友借钱，都遭回绝。后来他向一位平时交往不多的乡民伸出求援之手，在他说明情况之后，对方毫不犹豫地借钱给他，使他渡过了难关，他从内心里感激那位乡民。后来，他事业有成后，依然不忘这一借钱的交情，常常给对方以特别的关照。

雪中送炭之人总是给人留下深刻的印象。王先生这样说："我有一位朋友，我每次需要帮助的时候，他一定出现。例如：我有急事需要用车或急需用钱的时候，只要我打个电话，他一定都会帮忙，可以说有求必应。事情一过去，我们又各忙各的。到过年过节的时候，我总是忘不了给他寄一张贺卡，打电话给他拜个年。"

人生在世，没有一帆风顺的，总会遇到许多的艰难与困苦。当你遇到断崖险阻时，你需要的是帮助你架桥搭梯，雪中送炭的人。在这时帮助你的人，是你真正的朋友。

雪中送炭、锦上添花都可落得人情，但两者之价值却有天壤之别。在生活中，很多人总是在别人不是很需要的时候拉上一把，以便使其锦上添花。但往往没想到，其实，锦上添花不如雪中送炭。雪中送炭可以把人拉出火坑，走出困境。犹如你即将渴死在沙漠中，别人给你一口救命的甘泉一样。但就内心感受来说，给濒临饿死的人送一个馒头和给富贵的人送一座金山，是完全不一样的。当他人口干舌燥之时，你奉上一杯清水，这胜过对方相安无事时你送九天的甘露。如果大雨过后，天气放晴，再送给他人雨伞，这已没有丝毫意义了；如果人家喝醉了，再给人敬酒，这未免太过于虚情假意了。我们在帮助别人时一定要注意这些。

周瑜在三国争霸之前并不得意。他曾在军阀袁术手下做官，被袁术任命当过一个小小的居巢长，只是一个小县的县令。

当时地方上发生了饥荒，庄稼的收成也不好，兵乱间又损失不少，粮食问题日渐严峻起来。当地的百姓没有粮食吃，就吃树皮、草根，活活饿死了不少人，军队也饿得失去了战斗力。周瑜作为地方官，看到这悲惨的情形急得心慌意乱，但是却没有解决的办法。

正当周瑜不知道如何是好的时候，有人献计说附近有个乐善好施的财主鲁肃，他家非常富裕，一定囤积了不少粮食，不如去向他借些粮食渡过难关。

于是，周瑜立刻带上人马登门拜访鲁肃，见面寒暄几句之后，周瑜就直接说："不瞒老兄，小弟此次造访，是想借点粮食。"

鲁肃仔细打量了一下周瑜，见他丰神俊朗，显而易见是个才子，日后必成大器，他根本不在乎周瑜现在只是个小小的居巢长，于是哈哈大笑说："此乃区区小事，我答应就是。"

接着，鲁肃亲自带周瑜去查看粮仓，这时鲁家存有两仓粮食，每仓三千担，鲁肃痛快地说："也别提什么借不借的，我把其中一仓粮食送予你好了。"周瑜及其手下一听鲁肃如此慷慨大方，都愣住了，要知道，在那个兵荒马乱的年代，粮食就等于生命。周瑜被鲁肃的言行深深感动了，两人立刻就成了朋友。

后来周瑜发达了，在孙权帐下做了将军，他仍不忘鲁肃的恩德，将他推荐给孙权，于是鲁肃终于得到了施展才能的机会。

鲁肃在周瑜最需要粮食的时候送给了他一仓，这就是所谓的雪中送炭。

当人遇到失利受挫或面临困境的情况时，最需要的就是别人的帮助，这种雪中送炭般的帮助会让他人记忆一生。

在人际交往中，雪中送炭也应掌握一些方法和技巧，这样，才能使你的"碳"送得更及时。下面的一点小建议或许对你会有帮助：当你帮助他人时，要切记不要使对方觉得你所给予的恩情过重。对人的恩情过重，会使对方感到自卑，乃至讨厌你，因为他一来无法报答，二来会感到自己的无能，从而产生消极的情绪。

10.扼制浮躁，踏实处世

俗话说："欲速则不达。"做人做事还需忍耐，步步为营。凡是成大事者，都力戒"浮躁"二字。只有踏踏实实的行动才可开创成功的人生局面。急躁会使你失去清醒的头脑，在你奋斗的过程中，浮躁占据着你的思维，使你不能正确地制定方针、策略，从而不能稳步前进。

任何一位试图成大事的人都要扼制住浮躁的心态，只有专心做事，才能达到自己的目标。

古代有个叫养由基的人精于射箭，且有百步穿杨的本领。传说连动物都知晓他的本领。一次，两只猴子抱着柱子，爬上爬下，玩得很开心。楚王张弓搭箭要去射它们，猴子毫不慌张，还对人做鬼脸，仍旧蹦跳自如。这时，养由基走过来，接过了楚王的弓箭，于是，猴子便哭叫着抱在一块，害怕得发起抖来。

有一个人很仰慕养由基的射术，决心要拜养由基为师，经几次三番的请求，养由基终于同意了。收他为徒后，养由基交给他一根很细的针，要他放在离眼睛几尺远的地方，整天盯着看针眼，看了两三天，这个学生有点疑惑，问养由基："我是来学射箭的，老师为什么要我干这莫名其妙的事，什么时候教我学射术呀？"养由基说："这就是在学射术，你继续看吧。"这个学生开始表现还好，能继续看下去，可过了几天，便有些不耐烦了。他心想：我是来学射术的，看针眼能看出什么来呢？这个养由基不会是敷衍我吧？

养由基教他练臂力的办法，让他一天到晚在掌上平端一块石头，伸直手臂。这样做很难，那个徒弟又想不通了，他想：我只学他的射术，他让我端这石头做什么？于是很不服气，不愿再练了。养由基看他不行，就由他去了。后来这个人又跟别的老师学艺，最终没有学到射术。

其实，如果他能脚踏实地，不好高骛远，甘于从一点一滴做起，他的射术肯定会很精湛，但是他并没有坚持下去，而是抱着急功近利的态度去学，最后导致一事无成的结果。事实证明，想要成为一个成功人士，就需要一步一个脚印，脚踏实地，从最基础的事情做起，为自己的发展打下坚实的基础，就像建造房子一样，只有把地基打扎实了，大楼才会盖得既牢固又高大。

两只天鹅和一只青蛙是要好的朋友。有一年干旱，天鹅必须飞到有水的地方才能生活，可青蛙怎么办呢？于是，青蛙想出了一个好主意，它找来一根绳子，让两只天鹅各咬一头，它咬着绳中间，这样，天鹅就可以带着它一起飞到有水的地方去了。一路上，动物们听到这件事后，觉得这个办法好。并问："是谁想出来的好主意"。小狗说："肯定是天鹅想的办法"。小猪说："那么我们应该选天鹅为最聪明的动物"。青蛙一听，急得大喊："这是我的功劳"。由于它张嘴一喊，一下子从绳子上掉了下来，顿时摔得昏过去了。

这个故事告诉我们，青蛙这种急功近利的做法，反害了自己。是你的终归是你的，如果一味地追求，过分贪图，反而会适得其反，弄巧成拙。最终一事无成，因此做人还是要踏实些。只有不断地充实自己，踏踏实实地做好每一件事，成功的天平才会向你倾斜。

第二章 做事进退之道：遇方就圆，灵活变通

　　做事，是一门学问，是一个说不完的话题。如果一个人能在纷繁的环境中，措置裕如地驾驭人生局面，使其在做事中做到逢凶化吉，遇难呈祥，并把不可能的事变成可能的事，最后达到成功，那么他一定是一个懂进退，会做事的人。

1.变"害"为"利"，硬接触变成软着陆

历史上很多智者谋士，都是善用"药引"的人，从而以吹灰之力，成就九鼎大事。如触龙说赵太后，极其典型。故事说秦国进兵赵国，赵国向齐国求救兵，而齐国一定要长安君当人质才肯出兵。长安君是赵太后的小儿子，当时赵太后当权，不肯答应。大臣们轮流谏劝，都被赵太后拒绝了。无奈左师触龙出面劝说。那时太后正在气头上，背对着他。触龙进来慢慢坐下，先与太后聊些身体、吃饭之类的家常，又慢慢将话题转到子女上，取得太后的共识后，才顺理成章道出爱子女要为他们的长远利益考虑的道理，说明让长安君出齐当人质正是长安君建功立业的好机会，是为将来自立打基础，终于劝动了太后。

提起批评，也许更多人的理解是"挑刺"。如果你希望你的批评可以取得良好的效果，就要在方法上下功夫。一个人犯错后，最难以接受的就是大家群起而攻之，这样往往会伤害其自尊心。怎样批评，实际是一种说服的技巧，是一门沟通的艺术。批评的目的意在打动对方，使得对方能认识到自己的错误，回到正确的轨道上，而不是贬低对方，即使你的动机是好的，是真心诚意的，也要注意方式和场合等问题。

良药苦口利于病，但在现实生活中，扶正匡谬的批评的确不如良药那样为人所乐于接受，甚至成了难以下咽的"苦药"。开展企业内的批评报道尤非易事，上下左右，利益利害；磕磕碰碰，枝蔓牵扯，批评几乎真成了犹抱琵琶半遮面的"京城女"了。批评得好，人家接受；反之，麻烦缠身，成了"不受欢迎的人"。因此，批评要学会变"害"为"利"，使硬接触变成软着陆，即在"苦药"上撒点糖。

李明进公司不到两年就坐上了部门经理的位置，但是有个别下属不服他，

有的甚至公开和他作对，钱诚就是其中的一位。自从李明做了部门经理之后，钱诚经常迟到，一周五天，他甚至四天都迟到。按公司规定，迟到半小时就按旷工一天算，是要扣工资的。问题是，钱诚每次迟到都在半小时之内，所以无法按公司的规定进行处罚。李明知道自己必须采取办法制止钱诚这种行为，但又不能让矛盾加深。

李明把钱诚叫到办公室。"你最近总是来得比较晚，是不是有什么困难？""没有啊，堵车又不是我能控制的事情，再说我并没有违反公司的规定呀。""我没别的意思，你不要多心。"李明明显感觉到了对方的敌意。"如果经理没什么事，我就出去做事了。""等等，钱诚你家住在体育馆附近吧。""是啊。"钱诚疑惑地看着对方。"那正好，我家也在那个方向，以后你早上在体育馆东门等我，我开车上班可以顺便带你一起来公司。"没想到李明说的是这事，钱诚反而有些不好意思，喃喃地说："不，不用了……你是经理，这样做不太合适。""没关系，我们是同事啊，帮这个忙是应该的。"李明的话让钱诚脸上突然觉得发烧，李明虽然当了经理，还能平等地看待自己，而自己这种消极的行为，实在是不应该。事后，钱诚虽然谢绝了李明的好意，但他此后再也不迟到了。在批评的过程中，可以转换一下角度，不以生硬、直接的批评入手，而可以从帮助对方改正错误的角度来提出对方的错误，这样，不仅可以使对方容易接受批评，还可以使对方努力改正错误。

批评和骂人不同，它们之间有着本质的区别，骂人是气急败坏的表现，这不需要太多水平。骂人的行为除了让被骂者更加生气，或者被路人耻笑之外，没有多少意义。而批评则不同，批评的过程是批评者站在一个公正的立场，站在一定的高度，通过摆事实、讲道理来对人与事进行一场论证，它应该有着严谨有力的逻辑。我们万万不可把骂人与批评混为一谈。

批评别人，就要给别人服气的理由。作为批评者，首先要加强自己本身的文化修养，对批评的人和事情，要有自己独到的眼光和见解，要公正地看待问题，而不能根据党同伐异的态度去行事。在批评的过程中，要有自己的鉴别能力。然后，通过自己对问题的看法，真诚地向批评对象提出自己的意见，并指明他应该去努力的方向。如果见解是正确的，意见是真诚的，态度是诚恳的，别人又怎会不接受批评呢？

批评，顾名思义——既要批也要评。批是批判，评是评价，当然也可以解释为好评。不管怎样，不能光批不评。

在批评的过程中，我们绝不可以只批评不表扬。因为不管是人还是事，毕竟都还是有一点优点的。但这么说，也绝不是鼓励大家在批评别人的时候先来一段表扬，在表扬以后再来一个"但是"，然后在"但是"的后面加上一串的批评。这样的批评往往不能收到良好的效果。假如我们是老师，我们要批评学生的懒惰行为，我们可以这样来批评：你很聪明，请以后勤奋点。而不要这么说：你很聪明，但是你很懒惰。这两种批评方式看起来没多大区别，但前一种批评方法已经在表扬中提出了自己对学生的要求，而后一种效果和第一种相比如何，大家肯定是心中有数了。

金无足赤，人无完人。只要是人，就可能犯错误。其实，任何有上进心的人都不愿意犯错，要批评一个人的错误时，最好让对方感觉到自己的错误。作为要指出对方错误的你，你的目的也是为了帮助对方，而不是为了贬低对方的品格。因此批评以适可而止、给对方留有余地的方式为好，这会让对方感谢你的宽容。

2.给自己留有回旋的余地

重信守诺是每个人为人处世信条，然而凡事过犹不及，懂得反悔之道，是一个人通权达变，实现自我价值的必要开端，更是一个人生存发展的有效手段之一。因此，我们做何事都应尽量给自己留有回旋的余地。

在两条道路的交叉路口，有一棵大树，一位圣人在树下静坐思索，他的思绪突然被一位向他飞奔而来的小伙子打断。

"快救救我，"那位小伙子向他哀求道，"有人误称我行窃，正带领一大帮人追捕我。他们要是抓住我，就会砍掉我的双腿。"边说，那个小伙子边爬上那棵树，藏在枝叶中。"请你别告诉他们我躲藏在哪里。"他乞求道。

圣人犀利的目光洞悉到那位年轻人对他讲的是实话。稍过片刻，要抓这个小伙子的那群村民赶到了，为首者问："你看没看见有一个年轻人从这里跑过去？"

许多年以前，这位圣人曾发誓永远讲真话。所以，他说他看见过。

"他往哪儿跑啦？"为首者问道。

圣人并不想背叛那位清白无辜的年轻人，可是，他的誓言对他是神圣不可违反的。

于是，他朝树上指了指。村民们把小伙子从树上拖下来，砍掉了他的双腿。

圣人在临死的时候遭到了老天对于他当年对那位不幸的年轻人的行为的遣责。"可是，"他抗议道，"我已经发过神圣的誓言，只讲真话，我有义务恪守誓言。"

"就在那一天，"老天回答道，"你热爱虚荣胜过热爱美德。"

重信守诺是一个人起码的立足品质，然而不懂变通，把它抬高到一个绝对不可越过半步的"雷池"，则是僵化呆板的表现。

拿破仑说："我从不轻易承诺，因为承诺会变成不能自拔的错误。"

很多时候，我们为了能达到目的，必须作出暂时的让步、妥协，为的是我们能够更好地前进，是为了给赢得成功做资助，让自己不断地走向强盛。

公元616年，李渊被诏封为太原太守，北边的突厥用数万兵马多次冲击太原城池。李渊遣部将王康达率千余人出战，几乎全军覆灭。后来巧使疑兵之计，才勉强吓跑了突厥兵。在突厥的支持和庇护下，郭子和等纷纷起兵闹事，李渊防不胜防，随时都有被隋炀帝借口失职而杀头的危险。

当时，在人们看来，李渊是内外交困，必然会奋起反击，与突厥决一死战。不料李渊竟派遣谋士刘丈静为特使，向突厥屈节称臣，并愿把金银珠宝统统送给突厥首领始毕可汗！

为什么李渊这么做呢？原来李渊根据天下大势，已决定起兵反隋。要起兵成大气候，太原虽是一个军事重镇，但不是理想的发家基地，必须西入关中，方能号令天下。西入关中，太原又是李唐大军万万不可丢失的根据地。那么用什么办法才能保住太原、顺利西进呢？当时李渊手下兵将不过三四万人马，即使全部屯驻太原，应付突厥的随时出没，同时又要追剿有突厥撑腰的四周盗寇，已是捉襟见肘。而要进伐关中，显然不能留下重兵把守。唯一的办法是采取和亲政策，让突厥"坐受宝货"。所以李渊不惜俯首称臣。

李渊的退步策略获得了大丰收。始毕可汗果然与李渊修好。

后来，李渊没费多大力气便收复了太原。而且，由于李渊甘于让步，还得到了突厥的不少资助。始毕可汗一路上送给李渊不少马匹及士兵，李渊又乘机购来许多马匹，这不仅为李渊拥有一支战斗力极强的骑兵队伍奠定了基础，还增加了自己军队的声势——因为汉人素惧突厥兵英勇善战，李渊军中有突厥骑兵，自然凭空增加了声势。

李渊缓兵让步的行为虽然有很大牺牲，不管是从名誉上还是物质上，但在当时的情况下，不失为一种明智的策略，它使弱小的李家军既平安地保住了后方根据地，又顺利地西行打进了关中。

明谋善略者暂时的让步，往往是赢取对手的资助，最后不断走向强盛，发展势力再反过来使对手屈服的一条有用的手法。

"我保证"是语言中最危险的句子之一，所以在许诺时不要把话说得太绝对，免得忽生变故时没有回旋余地。至于难以兑现的请求，有时也可答应下来，但应许诺巧妙、"缓兵有术"。

柯南道尔——《福尔摩斯探案集》的作者，在他的著作改编权第一次卖给欧洲"戏剧界的拿破仑"弗罗曼时，曾对弗罗曼有一点小限制，戏里的福尔摩斯不许恋爱。当时弗罗曼并不争执，满口答应了这个条件，但是，后来演出的剧目里，为了迎合一些观众的心理，弗罗曼还是加了些可以算恋爱也可以不算恋爱的浪漫故事进去。由于演出效果不错，一年之后，弗罗曼在英国会见柯南道尔时，柯南道尔非但没有责怪弗罗曼，相反还表示不反对戏里的福尔摩斯可以浪漫点。弗罗曼以后谈到此事，他认为当初他对柯南道尔提出的要求没有强硬地拒绝，这使得他今日的演出取得了成功。要是他当时固执己见，事情可能就弄僵了。

做人要给自己留有回旋的余地，不要把话给说绝，要为自己留下退路。

3.抓刀要抓刀柄，制人要拿把柄

生活中的许多日常用品、用具都安有把或柄，以方便使用。在人情关系学中，也可使用寻找"把柄"、制造"把柄"的手段，使某人为我所用，听从调遣。

在谈判中谈判者要能随机应变，抓住对方的弱点给予打击，要有气功中点穴的奇妙效果。有些弱点是事先已经被我方掌握的，而有些弱点则是在与对手过招之中，对方暴露出来的，我方要及时发现对方把柄。两雄争辩，是双方理与气的较量，理是气的内核，气是理的锋芒，理直就气壮，理曲则气馁。在一定条件下，气盛也能使理壮三分。出色的谈判家常常注意寻找对手的有关弱点，譬如釜底抽薪，使对方的锐气顷刻消释，"束手就擒"。所谓有关的弱点，是指对手论点上的错误、论据上的缺失、论证上的偏颇或其本身性格、行为、感情上的各种局限。诸葛亮舌战群儒的故事，是很值得谈判人员研习的。

初到江东的诸葛亮，作为弱国的使者，而且独自一人，看上去给人势单力薄的感觉。那些欺软怕硬的谋士们，倚仗着人多势众，在自己的地盘，个个盛气凌人。诸葛亮决心先打掉他们的气焰，所以他出手凌厉，制人要害，像张昭这样的江东首席谋士，凭他的嚣张气势，也不过勉强与诸葛亮周旋了三个回合。他突出的弱点就是主张降曹，投降是既无能又无耻的表现。诸葛亮看准了这一点，在历数刘备一方怎样仁义爱民、艰苦抗击曹操之后，话锋一转："盖国家大计，社稷安危，是有主谋。非比夸辩之徒，应誉欺人；坐议交谈，无人可及，临机应变，百无一能。——诚为天下笑耳！"一下子点到了张昭的痛处，使他哑口无言。

接下来的虞翻、步鹭、萍踪、陆绩、严峻、程德枢之流，都不是诸葛亮的对手。如薛练与陆绩出于贬低刘备，抬高曹操的身份，犯了当时士大夫阶层中的舆论大忌。诸葛亮一把抓住这点,斥责他们一个是"无父无君",一个是"小儿之见",说得两个人"满面羞惭",先后"语塞"。严峻与程德枢完全是迂腐儒生,一个问诸葛亮"适为儒者所笑",诸葛亮尖锐地指出:"寻章摘句,世之腐儒也,何能兴邦立事""小人之德……笔下虽有千言,胸中实无一策。"甚至屈身变节,更为可悲。诸葛亮准确有力地击中对方的弱点,使对方垂头丧气,理屈词穷。

在一场唇枪舌剑中,对手总有说漏嘴的时候,这正是"穷追猛打"的好机会。这种办法用以对付傲气十足的对手较易奏效,因为这种对手一般一丢丑便会像斗败的公鸡一样,垂头丧气,沮丧不已。因此,一旦抓住他们的弱点,傲者比谦虚的人更容易打败。

有些心智狡猾的人城府很深,很难让人抓住把柄。可是"道高一尺,魔高一丈",再狡猾的"狐狸"也会露出尾巴。下面介绍两个简单的方法,用以套出抵赖者、掩盖者的尾巴,让他主动坦白交代,自己露出马脚。

(1)打草惊蛇,诈开其口。

唐朝有个县令,名叫王鲁,自从就任以来暗中贪污受贿。简吏们也跟着效法,索取贿赂,百姓们怨声载道,苦不堪言。有一天,王鲁得知上司要来察访民情,肃整束治,不禁担忧起自己头上的乌纱帽来。他在批阅公文当中,正好看到本县百姓联名告发他手上的主簿受贿的一叠状子,更是担心。忧虑中,他不由自主地在一张状子上批下"汝虽打草,否已惊蛇"八个红字,从而流露出唯恐主簿被告发而牵连到自己的恐惧之情。

无意识的打草惊蛇,会使对手有所警觉,予作防范,有意识地打草惊蛇,却可以使对手惊慌失措,答应你所有的要求。

有些法官善于使用这种打草惊蛇策略,故意说出已知的一点事,使罪犯或对手相信,他已掌握了全部罪证。罪犯于是会供认不讳地把所知道或所做的一切全部地数将出来。

(2)引蛇出洞,设下圈套,绕圈子。

这种技法的含义,就是论辩中自己已经掌握了足以制服对手的有力证据,却因为时机不成熟或环境不适宜而不便抛出。为了能够抛出证据，必须采取一些措施，引诱对手进入自己所需的时机或环境之中，然后一举击溃。

实施这种技法的关键，在于"引"。"引"有两个环节：

一是时机与环境。何时引，每一步引到什么程度，所引适不适合，都要考虑面临的机会和氛围，操之过急或行之迟缓，都不相宜。

二是巧妙与自然。引，既然是要对手的思路按照自己的愿望发展，这就要求引者不能露出破绽，必须天衣无缝，一步一步地向预定目标靠拢。

抓刀要抓刀柄，制人要拿把柄。在有些情况下，抓住对手的弱点进行"强攻"，往往能轻而易举收到意想不到的效果。

4.投资感情，收获人情

"感情投资"是人际交往的有效方法之一，通常情况下只要有足够的投资，就一定能获得丰厚的回报。搞活关系，也可以从这一点做起。

一个人可以有很多种投资，对于人缘的投资，是"买"忠心。

很多人都有一本或数本的银行存折，如果你年初存5000元，到了年底，你会发现，存折上不只是5000元，还有利息！人际关系也是如此。

真正头脑灵活的人，是在自己的能力范围之内尽量"给予"。而受到此种看似不求回报的好意的人，只要稍微有心，绝不会毫无"回礼"的，他会在能力所及的情形下与你合作。通过此种交流，彼此关系自然能愈来愈亲密，愈来愈有力。

人生难得一知己。要想获得一知己，你必须付出真诚。

遇到别人投来的意想不到的好意，往往会给人意外之喜。这种情形下，心中常常只有"感动"二字。要让对方的脑海中留下自己的深刻印象，一些特别的举动是很具效果的。

唐玄宗李隆基亲自为他手下的一个将领煎药，在吹风鼓火时，烧着了胡须，当侍从们赶来时，他莞尔一笑，说："但愿他喝了这药病就好了，胡须有什么可惜的呢？"一个皇帝为他的手下亲自煎药，把人情做得如此之足，怎不叫属下以死相报呢？人情的杀伤力可谓大矣！

处世高手都善于投资感情，因为投入一分人情，别人会以双倍"利息"的人情送还。人生什么钱债都可以还清，但人情债是永远还不清的。投资感情，收获人情，一生何处不逢春。

你在感情的账户上储蓄，就会赢得对方的信任，当你遇到困难，需要帮助的时候，就可以利用这种信任，你即便犯有什么过错，也容易得到别人的谅解；你即便没把话说清楚，有点小脾气，对方也能理解。

我们强调请求别人的支持和帮助，应该自信主动、坦诚大方地提出，尽管有许多有效的方法和技巧可以采用，最重要的是自己要乐于助人，关心他人，不断增加感情账户上的储蓄。这也是建立相互信任、相互帮助的人际关系的一种可靠诀窍。

不肯增加"储蓄"而只想大笔"支取"的人是无人理会的，这样的银行账户是根本不存在的。毫无储蓄，到需要用钱时，也就必然无钱可用，只有欠债了。但欠债总是要还的，到头来还是要储蓄。

一个人不可能单凭自己的力量去闯荡世界，即使那些功成名就的人，也需要借助他人的支持和力量。讲信誉，讲诚信，送给别人一个人情，表现自己的诚意，会收到意想不到的回报。不是所有的人都会积极地偿还欠你的人情债。不过，总有人会还的。所以，有机会，你就应该试着让别人"欠"你个人情。终有一天，你会连本带利收回的。

钱钟书先生一生日子过得比较平和，但困居上海写《围城》的时候，也窘迫过一阵。辞退保姆后，由夫人杨绛操持家务，所谓"卷袖围裙为口忙"。那时他的文稿没人买，于是他写小说的动机里就多少掺进了挣钱养家的成分。一天500字的精工细作，却又绝对不是商业性的写作速度。恰巧这时黄佐临导演排演了杨绛的四幕喜剧《称心如意》和五幕喜剧《弄假成真》，并及时支付了酬金，才使钱家渡过了难关。时隔多年，黄佐临导演之女黄蜀芹之所以独得钱钟书亲允，开拍电视连续剧《围城》，实因她怀揣老爸一封亲笔信的缘故。钱钟书是个别人为他做了事他一辈子都记着的人，黄佐临四十多年前的义助，使他得以多年后回报。俗话说："在家靠父母，出门靠朋友"，多一个朋友多一条路。要想人爱己，己须先爱人。每个人都应当时刻存有乐善好施、成人之美的心思，才能为自己多储存些人情的债权。这如同一个人为防不测，须养成"储蓄"的习惯，这甚至会让子孙后代得到好处，正所谓前世修来的福分。

把人情做足，好人做到底，你就要想他人之所想，急他人之所急，在对方最困难、最需要帮助的时候，给对方一个人情，对方会对你感激不尽，你往往会收到意想不到的回报。

人情是维系群体的最佳方法和人际交往的主要工具。只有重人情的人，才能获得"人情效应"这一微妙的关系。以情感促进生意，突破他们的心理防线，在企业、产品、推销员和顾客之间建立起情感的联系，一旦形成了这样的联系，购买行为就会随之发生，甚至持续发生。

拉第埃在公司走马上任后，遇到的第一个棘手问题是和印度航空公司的一笔交易。由于这笔生意未被印度政府批准，极有可能会落空。在这种情况下，拉第埃匆忙赶到新德里，并且参见谈判对手印航主席拉尔少将。在受到拉尔接见时，拉第埃对他说："因为是您使我有机会在我生日这一天又回到了我的出生地。"接着，他介绍了自己的身世，他说他于1924年3月4日生于加尔各答。拉尔听后深受感动，并邀请他共进午餐。拉第埃见此情形，趁热打铁，从公文包中取出一张相片呈给拉尔，并问：

"少将先生，您看这照片上的人是谁？"

"这不是圣雄甘地吗？"拉尔回答。

"请您再看看旁边的小孩儿是谁？"

……

"就是我本人呀！那时我才三岁半，随父母离开印度去欧洲途中，有幸和圣雄甘地同乘一条船。"拉第埃说。

拉第埃说完这些话，拉尔已经开始动摇了。当然，这笔生意也就成交了。

拉第埃的这一招，正应了中国古代兵法的所谓"攻心为上"。他首先说的一句话即巧妙地赞美了对方，又引起了对方听下去的兴趣。接着，他由自己生平的介绍解除了对方"反推销"的警惕和抵抗，拉近了双方的距离。最后，又用甘地的照片彻底打动了对方，由此而产生感情共鸣，而这种感情共鸣产生的时候，也正是成交的时机。可以说，拉第埃的这次生意，是情感推销的完美范例。

在做人情方面，一定要看得开，决定去做的人情，一定要做足，做足人情并非自己"自作多情"而是"放长线钓大鱼。"人情做足了，才具有"杀伤力"，才能把想办的事办好。

5.求人办事一定要利用好机会

有时候你去托人办事，对方拖着不办，或者故意推脱。这时，你若仅仅靠软磨硬泡的工夫去纠缠很难奏效，甚至会把对方"磨"火了，缠烦了，就更不利于办事。所以，求人办事一定要利用好机会。

清光绪年间，镇江知府大人想为他的母亲庆祝80大寿，消息传出来后，孙老板愁眉顿开，高兴万分。孙老板为何高兴？原来那时镇江木号的木材，大都堆在江里。为此，清政府每年要索纳几千两银子的税贴。木号的老板们为了放宽税贴，只好向知府大人送礼献媚。可这位知府自称清正廉明，所赠礼品均拒之门外。孙老板正在设法寻找接触的机会，听说知府的老母亲要庆祝大寿，顿时觉得这是一个机会。他知道知府大人是位孝子，对老夫人的话是百依百顺。只要打动了这位老夫人，也就等于说服了知府大人。

孙老板派人打听老夫人喜欢什么，得知她最喜欢花。可眼下初入寒冬，哪来的鲜花呢？孙老板灵机一动，有了办法。

老夫人做寿这天，孙老板带着太太一行早早来到知府大人的后衙。孙太太一下轿，丫鬟们就用绿色的绸缎从大门口一直铺到后厅，孙太太在绸缎上款款而行，每一步就留下一朵梅花印。朵朵梅花一直"开"到老夫人的面前，祝老夫人"寿比南山，福如东海"。老夫人听了笑眯眯的，连忙请他们入席。

宴席期间，上了24道菜，孙太太也换了24套衣服，每套衣服都绣着一种花，什么牡丹、桂花、荷花、杏花……看得老夫人眼花缭乱，眉开眼笑。直到宴席结束，孙太太才说请知府大人高抬贵手，放宽木行税贴。老夫人正在兴头上，忙叫儿子过来，吩咐放宽张炳记木号的税贴。既然母亲开了"金口"，孝子不能不点头答应。

从此，孙太太成了知府家中的常客，每次来都"借花献佛"。那孝顺的知府大人也因母命难违，对孙老板另眼相看。

做人做事，不可急功近利，要善于寻找机会。善于放长线钓大鱼的人，看到大鱼上钩之后，总是不急着收线扬竿，把鱼甩到岸上。因为这样做，到头来不仅可能抓不到鱼，还可能把钓竿折断。他们往往会先按捺下心头的喜悦，不慌不忙地收几下线，慢慢把鱼拉近岸边，一旦大鱼挣扎，便又放松钓线，让鱼游窜几下，再又慢慢收钓。如此一收一弛，待到大鱼筋疲力尽，无力挣扎时，才将它拉近岸边，用提网兜拽上岸。

求人也是一样，如果逼得太紧，别人反而会一口回绝你的请求。只有耐心等待，寻找机会，才会有成功的喜讯。

有时你想求人为你办事，对方却不一定愿意给你办事，怎么办？这就要想办法，世上没有攻不破的堡垒，更没有感动不了的人。你求人帮助，尤其求那些功成名就的人，那些身怀绝技的人，那些个性较强的人，是需要下一番功夫的，要利用好机会。

某公司老板王先生眼下资金周转不灵，如不及早筹措到位，会直接影响公司的生意和声誉。他本想向银行贷一笔款，银行却不愿意再多借给他一分钱。就在这个时候，王老板忽然想到找马先生帮忙。此人身为一个纺织公司的董事长，却是一个非常吝啬、一毛不拔的人。如果照常理推断，钱是绝对借不到的，不过王老板还是想试试看。

王老板深知如果用一般的方法向马先生借钱，绝无成功的可能。他经过片刻思考后，下定决心打电话给马先生，约好见面的时间和地点。

到了约定的那一天，王老板很早就搭车前往，在离马先生家还有150米时，他下车开始全速跑向马先生家。

那个时候正好是夏天，王老板当然是跑得满身大汗。马先生见了满身大汗的王老板非常诧异地问："咦！你怎么搞的？"

"我怕赶不上约定的时间，只好跑步赶路！"

"那你怎么不坐计程车呢？"

"我很早就出门了，坐公共汽车来的，不过因为路上发生了车祸，耽误了一些时间。我怕时间来不及，只好下车跑来了，所以才会满身大汗呀！"

"像你这种人也会坐公共汽车吗？"

"怎么？您不知道我是个吝啬之人吗？我怎么会坐计程车呢？坐公共汽车既便宜又方便，而且自己没有私车的话，也可以省了请司机的开销。"

"父母赐给我的这双脚最好了，碰到赶时间的时候，只要用它跑就可以，既不花钱，又可强身，多好呀！我这种吝啬的人哪会像你们大老板一样有自己的私车呢？"

"我也很小气啊！所以，我也没有自家的车子。"马先生谦逊地说。

"您那叫节俭，我这叫小气，所以才有'小气鬼'的绰号。"

"但是我从来没听说过你是这种人。其实，我才真的被人认为是吝啬鬼！"

"马先生，人不吝啬的话，是无法创业的，所以，人不能太慷慨。我们做事业的人都是向银行或他人贷款来创业的，当然是应该节俭，千万不能随便地浪费钱啊！"

"我们要尽量多地赚钱，好报答投资的人。钱财只会聚集在喜欢它、节俭它的人身上……我经常对属下这么说。"

王老板的这些话使马老板产生了共鸣，于是很反常地借钱给了这个相见恨晚的王老板。

求人办事时，对方能不能答应你的要求，能不能全力帮助你把事情办成，关键在什么？关键在你能不能制造出有利的机会，好好地利用这个机会来求人为自己办事。

请求别人，一定要选择好时机。当别人忙时或正在发怒时若不知趣地开口求人，那别人不是敷衍你就是对你翻白眼。善于利用机会者，能在别人高兴时顺势求人，在对方容易接受的时候讲出来，这种"乘虚而入"请求别人帮助当然成功率要高得多。

6. "忍"要遵守一定的原则

唐代诗人张公在他的《百忍歌》中写道：

百忍歌，歌百忍。忍是大人之气量，忍是君子之根本。能忍夏不热，能忍冬不冷。能忍贫亦乐，能忍寿变永。量不忍则倾，富不忍则损。

张公的见解，可谓十分正确和到位，之于做人的个体者来说，遇到烦心事、不平事、吃亏事、揪心事，该忍就忍、能忍就忍！忍，不是懦弱；忍，也不是退缩；忍，也不是无骨！所有的容人之忍、让人之忍及负重之忍，都是一种大道，一种有利于自我顺风前行的大道。

但不管是在工作中，还是在生活中，一味地"忍"或一味地"挺"都不够全面，只有做到"忍"与"挺"兼顾，方可称得上英雄之举。

张居正是明朝名相，他在执政的十年中，大胆地从政治、经济、军事各方面进行重大改革，使国家安定，经济发展，一时出现繁荣富强的景象。

张居正2岁那年就认得"王日"两字，被家人认为是神童。13岁参加乡试时，他年龄最小，却沉着冷静，写了一篇非常漂亮的文章，若非湖广巡抚顾辚爱才，有意让张居正多磨炼几年，他肯定中举。终于，几年的发愤读书之后，张居正考上了进士，开始步入仕途。这一年他才23岁。

张居正被选为庶吉士之后，一面大量读书，一面细心琢磨官场上的门道。他有满腔的政治抱负，但当时皇帝世宗昏庸，奸臣严嵩为非作歹。张居正只得忍耐，与严嵩周旋，一时无法施展自己的才能。这样苦苦熬了十几年，张居正内心十分痛苦。

终于，严嵩在专权15年后倒台了，徐阶成了首辅，张居正也开始得到重用。然而，张居正入阁后又遇上精明强干，头脑敏锐的政治对手高洪。张居正只得再次忍耐，尽管高洪对他傲慢无礼，他却用谦恭与沉默表示更加激烈的无声对抗。

高洪下台后，张居正资格最老，被诏回当了首辅。

张居正掌权后，立即改变了过去那种谦虚祥和、沉默寡言的态度，变得雷厉风行、有理有节，在全国范围内实行一场改革活动，把国事打理得井井有条，促进了当时社会经济的发展。

忍有两种，一种是思而不发，以忍求安；一种是忍而待发，以忍求变。求人者要特别学会后一种忍，忍是手段，所求是目的。战国七雄的赵武灵王在位时赵国国富民强，但因地处中原，常被卷入战争的漩涡。所以，广行富国强兵之策比其他的国家来得更急切。

赵武灵王经过多年的征伐，认为北方游牧民族骑马作战是值得仿效的战术，其机动性大，集散自由，对战场条件适应性很强。

于是想改变自己军队的作战战术，改革颇费了几番周折。首先，当时的中原服装不适合骑马作战，要改穿游牧民族的胡服，胡服的下身相当于今人普遍穿的裤子。要穿胡服并不那么简单，服装式样的改变，在中国古代是一场大的改革。

决定一下，预料中的反对势力蜂拥而来，朝中的多数大臣都不支持这项改革，主要理由就是不能出卖自己祖宗去穿胡服丢丑卖脸。

面对大批的反对势力，赵武灵王采取了克制的态度，他不发王者之感，不以王者之尊强行推广，用今天的话来说就是做了大量的思想政治工作。从战争的发展，富国强兵的要略，反复阐述自己的意见，拿出了最大的忍耐力推行战术，最难对付的是他的亲叔叔，借口生病，不早朝，也不听劝，武灵王特知道他"病"在哪儿，于是他绝口不谈正题，天天如此，他叔叔大为感动，因为彼此都明白对方在做什么。

赵武灵王的"忍功"确实达到了目的，这是一种功利主义目标明确的"忍"。

忍是一种境界，小忍则透小境界，大忍则阐大境界！凡大忍者，必成大事，小忍者，亦可为大谋。"小不忍则乱大谋"，但"忍"不能没原则地忍：不该忍的忍，那是懦弱的表现；该忍的不忍，那是鲁莽的作为。

生活中工作中与他人之间出现了一些小误会、小摩擦、小分歧或者小过失，我们主张应该以谦默忍让之心对之，当忍就得忍。

妻子对丈夫越轨行为的一再忍让，只会使丈夫为所欲为，变本加厉，甚至让其习以为常。母亲对儿子不良行为的一再忍让，会使不懂事的孩子误入歧途。一再忍让可能导致最终结果的不可收拾，让人后悔不已。

喜欢一味忍让的人，应该告诉自己在适当的时候要警醒一下别人，或在关键时候予以回击，不要让自己的原则受到侵犯。对于一些善意的玩笑，一时过火的行为，忍让一下可以显示你的涵养，但对于那些一贯性的、污辱性的甚至无赖性的侵犯，忍让就等于绵羊投降于恶狼面前，这时候需要的是反抗。当然在此之前不妨先警示一下对方，以示你的风度。即使你知道反抗的结果可能是彼此断绝来往，甚至付出更惨重的代价，你也得奋力去做。即使你力不从心，或者可能招来更大的侵犯，你也得坚强地去做，因为结果往往是邪不压正。不管结果如何，你要从维护自己的形象出发，从拯救一个丑恶的灵魂出发，给予对方迎头痛击，让他知道，该如何尊重人。

"忍"与"挺"，作为一种策略，或者作为一种做人的方法，无论何种场合，都不可偏颇。从理论上讲，忍，体现友善、涵养、通情达理；挺，则显示尊严、原则和力量。"忍"与"挺"要根据形势变化，灵活运用。

7.换位思考，善解人意

善解人意，顾名思义就是能体谅人，能体贴人、会换位思考。

善解人意，不应仅从文字上作善于揣摩人的心意去理解。其"善解"的"善"，也不能仅作"善于"解释。它还应包含善心、善良的愿望这层意思。善解人意，首先要与人为善，善待他人，而后才能理解人、谅解人、体察人，体现你人格的魅力。

《伊索寓言》里有一则太阳和风的故事。一天，太阳与风正在争论谁比较强壮，风说："当然是我。你看下面那位穿着外套的老人，我打赌，我可以比你更快地叫他脱下外套。"

说着，风便用力对着老人吹，希望把老人的外套吹下来。但是它愈吹，老人愈把外套裹得更紧。

后来，风吹累了，太阳便从后面走出来，暖洋洋地照在老人身上。没多久，老人便开始擦汗，并且把外套脱下。太阳于是对风说道："温和、友善永远强过激烈与狂暴。"

伊索是个希腊奴隶，比耶稣降生还早600年，但是他教给我们许多有关人性的真理。使我们知道，温和、友善和赞赏的态度也更能教人改变心意，是咆哮和猛烈攻击所难以奏效的。

生活中有时会发生这种情形：对方完全错了，但他仍然不以为然。在这种情况下，不要指责他人，因为这是愚人的做法。你应该试着了解他，而只有聪明、宽容、特殊的人才会这样去做。

对方为什么会有那样的思想和行为，其中自有一定的原因。探寻出其中隐藏的原因来，你便得到了了解他人行动或人格的钥匙。而要找到这种钥匙，就必须诚实地将你自己放在他的地位上。

假如你对自己说："如果我处在他当时的困难中，我将有何感受，有何反应？"这样你就可省去许多时间与烦恼，也可以增加许多处理人际关系的技巧和方法了。

人的善解人意有两种：其一，什么也不在意，这是对大众的，是给大家空间，给自己"空气"的明智做法。其二，是对自己在意的人或者事，因为用心，因为在意，而去设身处地的考虑，给别人自由，给自己枷锁。

和珅是属于第二种的，他非常"善解高宗（乾隆）意"，并且常出奇招，从这个角度说，和珅可谓中国历史上少有的善解人意的心理大师！

清朝乾隆皇帝十分喜欢吟诗作赋，和珅早年就下功夫收集乾隆的诗作，并对其用典、诗（词）风、喜用的词句了解得一清二楚，闲暇时还有所唱和，令乾隆皇帝对和珅另眼相待。而像和珅这样一个满人，能在诗赋上有所建树，确实不容易。清朝大文学家袁枚就曾诗夸和珅曰："少小温诗礼，通侯及冠军。弯弓朱雁落，健笔李摩云。"

在乾隆的母后去世时，和珅的表现最为出色。他不是像其他皇亲国戚、官宦臣下那样一味地劝皇上节哀，或说一些无关痛痒的话，和珅只是默默地陪着乾隆跪泣落泪，不思寝食，几天下来人变得面无血色，形容枯槁。如此能与皇帝同感共情的人，朝中只有和珅一人！因此他也深受乾隆皇帝宠信。

还一次乾隆出游，途中忽命停轿却不言为何，别人都很着急。和珅闻知后，立即找到一个瓦盆递进轿中，结果甚合上意，溺毕继续起驾。一路上，人们都佩服和珅脑子灵，取悦龙心有术。另据史书："高宗（指乾隆）若有咳唾，和珅以溺器进之。"乾隆是一个非常诙谐的人，喜欢与臣下开玩笑。据此，和珅经常给乾隆讲一些市井的俚语笑话，令皇帝龙心大悦，这不是一般军机大臣所能做到的。

凡此种种，都是和珅的过人之处。他对乾隆皇帝的脾气、爱好、生活习惯、思考方法了如指掌，可以充分做到想乾隆之所想，为乾隆之所为，这与一般的曲意迎奉、阿谀献媚有所不同，和珅的许多奉迎行为都具有深厚的同感基础，都是将心比心的结果，因而没有那么的低俗和赤裸裸，而是相当独具匠心。

和珅之善解上意，实达九段高手之境界！而晚年的乾隆，最欣赏和珅的一点就是他"巧于迎合，而工于显勤"这一点。

俗话说，"善心即天堂"。只有怀抱善心的人，才能爱人、欣赏人、宽容人。抱有善心之人懂得相互接纳、相互合作，他们尊重他人的优势和才华，也宽容他人的脾气和个性。对他人，应主要欣赏其美好的地方，而不去计较其缺点，或者说不去计较与自己不合拍的地方。不能理解的时候，就试着去谅解；不能谅解，就平静地去接受。有人说："人生最可贵的瞬间便在那一撒手。"而善解人意者就具有这种"放人一马"的涵养。

缺少善心者，其"责人也重以周"，既很少去看他人的优势和才华，更不愿宽容他人的脾气和个性，却更多地去寻找他人的缺点和不足，这些人很难理解他人，谅解更不易做到，因此也就更加做不到善解人意了。

1915年的时候，小洛克菲勒还是科罗拉多州一个不起眼的人物。当时，发生了美国工业史上最激烈的罢工，并且持续达两年之久。愤怒的矿工要求科罗拉多燃料钢铁公司提高薪水，小洛克菲勒正负责管理这家公司。由于群情激奋，公司的财产遭受破坏，军队前来镇压，因而造成人员流血，不少罢工工人被射杀。

那样的情况，可以说是民怨沸腾。可小洛克菲勒后来却赢得了罢工者的信服，他是怎么做到的呢？

小洛克菲勒花了好几个星期结交朋友，并向罢工者代表发表谈话。那次的谈话可称之为不朽，它不但平息了众怒，还为他自己赢得了不少赞赏。演说的内容是这样的：

"这是我一生当中最值得纪念的日子，因为这是我第一次有幸能和这家大公司的员工代表见面，还有公司行政人员和管理人员。我可以告诉你们，我很高兴站在这里，有生之年都不会忘记这次聚会。假如这次聚会提早两个星期举行，那么对你们来说，我只是个陌生人，我也只认得少数几张面孔。由于上个星期以来，我有机会拜访整个附近南区矿场的营地，私下和大部分代表交谈过。我拜访过你们的家庭，与你们的家人见面，因而现在我不算是陌生人，可以说是你们的朋友了。基于这份互助的友谊，我很高兴有这个机会和大家讨论我们的共同利益。由于这个会议是由资方和劳工代表所组成，承蒙你们的好意，我得以坐在这里。虽然我并非股东或劳工，但我深感与你们关系密切。从某种意义上说，也代表了资方和劳工。"

多么出色的一番演讲，假如小洛克菲勒采用的是另一种方法，与矿工们争得面红耳赤，用不堪入耳的话骂他们，或用话暗示错在他们，用各种理由证明矿工的不是，你想结果如何？只会招惹更多怨愤的暴行。

人生在世，与人为伍，许多人常叹善解我者难求。那么，你就学着去善解他人吧。在你善解他人时，他人也将善解你。

善解人意，还在善于体察他人的心境，给人以及时雨一样的帮助，让温馨、祥和、慰藉来使彼此的心灵沟通。比如，对窘迫的人讲一句解围的话，对颓丧的人讲一句鼓励的话，对迷途的人讲一句提醒的话，对自卑的人讲一句振作的话，对苦痛的人讲一句安慰的话……这些非物质化的精神兴奋剂，既不要花什么金钱，也不要耗多少精力，而对需要帮助的人来说，却会像旱天的甘霖，雪中的炭火一样重要。

8.把真情送到人的心坎里

唐朝有个大臣，他派一个叫缅伯高的人去给皇上送礼，礼物是一只天鹅。这位老兄途经沔阳时想给天鹅洗一个澡，可哪知一不小心天鹅飞跑了。送给天子的"贡品"弄丢了，岂不是杀头的罪过？这使他号啕大哭，越哭越伤心，伤心之后，他却想出了首打油诗："将贡唐朝，山高路远，沔阳湖失去天鹅，倒地哭号号，上复唐天子，可饶缅伯高，礼轻情义重，千里送鹅毛。"据说，他后来真把鹅毛连并这首打油诗一起送给了皇上，皇上被这个故事感动了，不但没杀他，还拿美酒款待了这个马大哈。这就便是"千里送鹅毛，礼轻情义重"的来历了。

中华民族向来是礼仪之邦，"礼"文化源远流长。即使在今天，礼尚往来，也是人际交往的一项重要内容，在那或轻或重，或多或少的礼物中，我们既可以体味到人情缔结的温馨，又可以享受友好往来的欢乐。但是，有时也会因为我们送礼的方法不当，时机不对，礼品不妥而事与愿违，反而人情未结，芥蒂又生，真是赔了夫人又折兵，有些划不来。

送礼给那些对你来说有直接利害关系的人，怎么个送法，或什么时候送去，这里面大有学问。

一次，孙力开车去看朋友，心想离开朋友家的时候再把礼物从车上拿下来。于是，他空着两手就进了朋友的家，大家寒暄一番，时近中午，朋友没有留他的意思。孙力起身告辞，说："我买了一些东西，放在车上，我去拿来。"朋友一听，马上说："今天中午怎么能走呢？就在我这里吃饭吧！"朋友的妻子也立刻转身去了厨房。

那次以后，孙力算是明白了一个道理，拜访朋友，采用兵马未到，粮草先行的策略，先把礼物一放，不管是大是小，是多是少，这样有利于办事畅通。

在别人给你帮过忙之后，再将礼物送去，对方一定会认为你这样做是理所当然的。如果你从未拜托人家帮忙，并将礼物煞有介事地送去，受礼者的想法就会大不一样。他肯定会记着你，一旦你有事相求就会竭尽全力帮你。

同样，"无事不登三宝殿"，如果当你有事的时候，才想起某某朋友可帮上忙，往往会遇到大礼不解近忧的问题。即使你想提上大包小包的东西，人家也未必会给你这个方便。朋友维系关系，功在平时，这样，朋友之间才可能有求必应。常常有这样的说法："你瞧这人，用得着的时候才想起我。"说的就是平时不搞好关系，有事求人了再去送礼，往往会招致他人的反感。所以，礼要送在用不着朋友的时候，才能尽显"威力"。送礼要送在平时，要知道，好的人际关系才是求人成功的基础。

有一个经理，退休前，每到年底，就会收到像雪片一般的礼物、贺卡。可退休以后，却寥寥无几了。正在他心情寂寞的时候，以前的一位下属带着礼物来看他，在他任职期间，并不很重视这位职员，可是来拜访的竟是这个人，不觉使他感动得热泪盈眶。过了两三年，这位经理被原来的公司聘为顾问，受聘期间，他特别注意那个坚持看望他的职员，他发现那个职员的工作能力较强，而且努力。当然，这位经理很自然地重用、举荐了这个职员。因为他在经理失势的时候登门拜访并送上了自己的礼物和心意，因此，在经理心中留下了很深刻的印象。

常言说得好，"情愿雪中送炭，不要锦上添花"，意思是说当别人处于困境当中，你伸出援助之手，相当于冰雪天给饥寒交迫的人送去一篓炭，及时而又必须，会使受礼人终生难忘。而如果别人什么都不缺，你送的东西，其有效价值就要大打折扣了。

送礼之所以称为艺术，关键是一个"送"字。这是整个礼物馈赠的最后一环，送得好，方法得当，会皆大欢喜。送得不好，受礼者不愿接受，或严词拒绝，或婉言推却，或事后退回，令送礼者十分尴尬。所以，只有巧妙掌握送礼的技巧，才能把整个送礼过程划上一个漂亮的句号。

9.面对错误，知错就改

美国有一个失败产品博物馆，展出8万多件不受消费者欢迎的产品，这些"残废婴儿"或因质量低劣，或因价格昂贵、或因款式不新、或因品牌不响而被消费者冷落、抛弃。令人感动的是，生产失败产品厂家的总裁，总是满脸虔诚地面对"上帝"，向参观者征询投诉意见、建议和需求。据了解，美国每年推向市场的新产品有五千四百多种，而真正受消费者欢迎和青睐的仅占20%。

对企业来说，出现一些失败产品在所难免，问题是，面对失败是文过饰非、遮短护短、高枕无忧，还是吸取教训、找出病根。其实成功与失败虽然是两个截然相反的词，但其实两者是紧密相依的。成功的前面可能有无数次的失败，而失败的后面总会有成功。害怕失败，即等于拒绝成功。

当你不小心犯了某种大的错误，最好的办法是坦率地承认和检讨，并尽可能快地对事情进行补救。约翰先生就是这样做的：

从约翰家步行不到一分钟，就有一片森林。春天来临之时，野花盛开，松鼠筑巢育子，马草长到马首那么高，这块完整的林地，叫作森林园。那真是一个森林园，他发现它时就像哥伦布发现了美洲大陆。他常带着波斯狗瑞克斯到园中散步，它是一只和善无害的小犬。并且园中不常见人，他总是不给它系上皮带或口笼。

一天，他在园中遇见一位警察——一个急于要显示权威的警察。

"你不给那狗戴上口笼，也不用皮带系上，还让它在园中乱跑，这是什么意思？"警察责问他说，"你不知道这是犯法的吗？"

"是的，我知道是犯法的，"他轻柔地回答说，"但我想它在这里不至于产生什么伤害。"

"你想不至于！法律可不管你怎么想。那狗也许会伤害松鼠，或咬伤儿童。这次我放你过去，但如果我再在这里看见这只狗不戴口笼，不系皮带，你就得去和法官讲话了。"

他谦逊地应允遵守警察的命令。

而他真的遵守了几次。但瑞克斯不喜欢口笼，他也不喜欢，所以他决意碰碰运气。起初倒没什么，后来发生了一件事情。一天下午，瑞克斯同他跳过一个小丘，忽然间，他惊惶地看见了"法律的权威"，之前那个警察骑着一匹栗红色马。瑞克斯在前面正向着那警察冲去。

他知道事情已毫无办法了。所以他没等警察开始说话，就先发制人。他说："警官，你已当场把我抓住了，我是犯了法，我没有推辞，没有借口。你上星期警告我如果我再把没有口笼的狗带到这里，你就要罚我。"

"哦，现在，"这警察用温柔的声调说，"我知道周围没有人的时候，让这样一只小狗在这儿跑一跑，是一件诱人的事。"

"那真是一种引诱，"他回答说，"但那是犯法的。"

"像这样一只小狗是不会伤人的。"警察辩护说。

"不，但它也许会伤害松鼠。"他说。

"哦，现在，我想你对这事太认真了，"警察告诉他说，"我告诉你怎样办，你只要使它跑过那土丘，使我看不见它——我们将这事忘却就算了。"

约翰不与他争辩，因为约翰承认对方是绝对正确的，约翰自认自己绝对错误。约翰迅速地、坦白地、热忱地承认。他们各得其所，这件事就友善地结束了。

其实，那位警察也挺有人情味，他只不过要得到一种自重感。所以当约翰开始自责时，他唯一能滋长自尊的办法就是采取宽大的态度，以显示自己的慈悲。但假使约翰要为自己辩护，结局就没那么好了。

人犯了错误往往有两种态度：一种是拒不认错，找借口辩解推脱；另一种是坦诚承认错误，勇于改正，并找到解决的途径。

有一些人，明明知道自己错了，却死不承认，或者直到被逼得没有办法的时候，才极不情愿地说句道歉的话。这样的人很难取得大家的谅解。

"人非圣贤，孰能无过？"一个人再聪明、再能干，也总有失败、犯错误的时候。对一个欲求达到既定目标、走向成功的人来说，正确对待自己过错的态度应当是过而不闻、闻过则喜、知过能改。

7月的一个下午，敌人的大炮突然向陈将军的队伍开始猛轰。片刻间隐伏在山脊的石墙后面的乱军步兵向陈将军的军队开火，一排枪又一排枪。瞬间，整个山顶变成火海，成了一个杀戮的场所。在几分钟内，除了一个人，其他所有陈将军的旅长都被击倒了，5000个冲锋的士兵中有4/5的人倒了下来。

陈将军带领着军队，作最后一次冲杀，他们跃过石墙，把军帽放在他的刀顶上摇着，大呼："杀啊，孩子们！"

士兵们跟着跳过墙头挺着刺刀，与乱军展开了一场短兵相接的战斗，最终陈将军还是失败了。

陈将军极其悲痛，极其震惊，他向上级提出辞呈，要求另派"一个年富力强的人"来带领军队。如果陈将军要将惨痛失败归罪了别人，他可找出数十个借口来。如：有些师长不胜任，马队到得太迟，不能协助步兵进攻，这事错了，那事不对，等等，但陈将军没有责备别人。当打了败仗，带着流血的军队挣扎退回阵线的时候，陈将军只是安慰他们，并自责："这都是我的过失"，他说："我，我一个人战败了。"

有几个将领能有这样的胆量和品格作出这样的自责呢？

承认错误，担负责任是需要勇气的。这种勇气根源于人们的正义感——人类的自爱，这种自爱之情是一切善良和仁慈之根本。我们应将承认错误、担负责任根植于内心，让它成为我们脑海中一种强烈的意识。在日常的生活和工作中，这种意识会让我们表现得更加出类拔萃。

很多人犯错误的时候往往会找寻各式各样的借口，试图逃避自己应承担的责任，试图安慰自己内心中的愧疚。如果你如愿地做到了这些，那么你很可能会第二次犯同样的错误并能够再次找到"更好的"借口。老板能够信任并提拔这样的员工吗？当然不会！我们应在一开始的时候就将寻求借口的路堵死，勇敢地面对错误，承担责任。这样你才会吸取教训，从失败中学习和成长。任何一个优秀的管理者都会明白：一个敢于承认错误、勇于承担责任的人是值得信赖和重用的。

第三章 说话进退之道：不该说的绝不开口，该说时要锦上添花

　　语言是传达感情的工具，也是沟通思想的桥梁。"一句话能把人说跳，一句话也能把人说笑"。有的人善于用语言来表达情意，一席话就能使人心情舒畅，有的人则不善于以语言来表达，一讲话就使人误解，俗话说"良言一句三冬暖，恶语伤人六月寒"。因此，要想在人际交往中应对自如，就应该把话说得滴水不漏。

1.说话要因人而异

古人云："言为心声。"话说得好坏，主要取决于说话者的思想水平，文化修养、道德情操，但讲究语言的艺术也同样十分重要。同样一种思想，从不同的人嘴里说出，往往会收到不同的效果。

良好的谈吐可以助人成功，蹩脚的谈吐则令人障碍重重。在日常生活中，我们身边的人有口若悬河的，有期期艾艾、不知所云的，有谈吐隽永的，有语言干瘪、意兴阑珊的，还有唇枪舌剑式的……人们的口才有高下之分，说话的效果也是天差地别的。因此，要想在说话上成为高手，达到"到什么山上唱什么歌"的境界，就必须要把握其中的小细节。

有一次美国前国务卿基辛格对周恩来总理说："我发现你们中国人走路都喜欢弓着背，而我们美国人走路大都是挺着胸！这是为什么？"听到基辛格这句话后，首先要做出准确的判断，这句话是恶意，还是玩笑？如果不能说这话是十分友善之谈，但也没有明显的恶意，气氛和情绪并不是对立的，说的情况也基本属实，话语本身带着调侃的色彩。那么，回答也要用调侃的口吻，恰如其分。周总理回答说："这个好理解，我们中国人走上坡路，当然是弓着背的；你们美国人在走下坡路，当然是挺着胸的。"说完，对方哈哈大笑。周总理的应变确实敏锐，分寸掌握得十分恰当，既有反唇相讥的意味，又带着半开玩笑的情趣；既不影响谈话的友好气氛，又符合当时说话的场景和说话者的身份，不卑不亢、恰如其分。

一个人说的话能否被别人所接受，取决于他的可信度，而要提高可信度，不仅在形象上要做到衣饰恰当、举止大方、谈吐自然得体、眼神专注、表情沉稳等，还要会观察对方。

里根在对农民发表演说时，说了这么一件轶事来讨好他的听众：

一位农民找到了一片荒地，这片荒地覆盖着石块，杂草丛生，到处坑坑洼洼，他每天去那里辛勤耕耘，不断劳作，最后荒地变成了花园，为此他深感骄傲和幸福。

某个星期日的早晨，他操劳一番后，前去邀请部长先生，问他是否乐意看看他的花园。

"好吧！"那位部长来了，并视察一番。他看到瓜果累累，就说："呀，上帝肯定为这片土地祝福了！"

部长看到玉米丰收，又说："哎呀！上帝确实为这些玉米祝福过。"接着又说："天哪！上帝和你在这块土地上竟取得了这么大的成绩呀！"

这位农民禁不住说："尊敬的先生，我真希望你能看到上帝独自管理这片土地时，它是什么模样。"

为了迎合选民对政客的不信任思想，里根幽默地暗示了政府官员们愚蠢得难以估量。

他谈到了一座虚构的美国城市，该城市决定把交通标志再竖得高一些。交通标志原有5英尺高，他们要把这些标志的高度改为7英尺。联邦政府人员插手此事，由他们实施这一工程——他们来到了这座城市，把街道地面下挖了2英尺。

对正在访问的特定地区加以"奉承"是里根的一大特色。如总统的一位幽默顾问解释的那样："幽默的主要价值之一，是让听众明白你知道他们是谁，他们住在哪儿。"

里根在到达俄勒冈州波特兰时说："我的几位辛勤工作的助手们劝我不要离开国会而风尘仆仆地到这里来。为了让他们高兴，我说：'好吧！让我们来掷硬币，决定是去访问你们美丽的俄勒冈州，还是留在华盛顿。'你们知道吗？我不得不连续掷14次才得到使我满意的结果。"

里根在向一群意大利血统的美国人讲话时说："每当我想到意大利人的家庭时，我总是想起温暖的厨房以及更为温暖的爱。有这么一家人住在一套稍嫌狭小的公寓房间里，他们决定迁到农村一座大房子里去。一位朋友问这家一个12

岁的儿子托尼:'喜欢你的新居吗?'孩子回答说:'我们喜欢,我有了自己的房间。我的兄弟也有了他自己的房间。我的姐妹们都有了自己的房间。只是可怜的妈妈,她还是和爸爸住一个房间。'"

里根总统访问加拿大,在一座城市发表演说。在演说过程中,有一群举行反美示威的人不时打断他的演说,很明显地显示出反美情绪。里根是作为客人到加拿大访问的。作为加拿大的总理,皮埃尔·特鲁多对这种无理的举动感到非常尴尬。面对这种困境,里根反而面带笑容地对他说:"这种情况在美国是经常发生的。我想这些人一定是特意从美国来到贵国的,可能他们想使我有一种宾至如归的感觉。"

古语说:"凡事预则立,不预则废。"所以说话前,你有必要对下列问题仔细地考虑:你要对谁讲,将要讲什么,为什么要讲这些内容,怎么讲法,有什么有利因素和不利因素,怎样处理,等等。

在什么场合说什么话,是人们在长期交际实践中总结出来的经验。场合就是谈话的社会环境、自然环境和具体场景,具体场景又涉及谈话的时间、空间及周围环境。它们虽然无言,却在言语交际中起到不可低估的参与和影响作用。谈话双方对于话题的选择与理解、某个观念的形成与改变、谈话的心理反应以及交谈结果,无不与场合有直接联系。这就要求谈话者必须估计场合影响,并有意识地巧妙利用场合效应。

见什么人说什么话,就是在告诉我们,谈话时要尽量使用对方认同的语言,谈论对方熟悉和关心的话题,并且也要视当下的具体情况灵活应变,以便在迎合对方心理的同时,也赢得对方的好感,而这也是成就大事的一种技巧。

说话要注意场合。不看场合,随心所欲,信口开河,想到什么说什么,这是"不会说话"的人的一种拙劣表现。人,总是在一定的时间、一定的地点、一定的条件下生活,在不同的场合,面对着不同的人,不同的事,从不同的目的出发,就应该说不同的话,用不同的方式说话,这样才能收到理想的效果。

2.把好话说在前面

说话是一件很不错的事情，于己有益，于人有益，说话是交流的开始，说话是高兴的开始，说话是财富的开始，说话是走向和谐的开始，说是大多数人每日所必需的一件事情……

人际交往中，应把握好说话的分寸和尺度。不仅如此，还要掌握好说话的时间。人常说："先把丑话说在前面"，其实不然。如果仔细观察生活中的各种小事时，便会发现"好话也要说在前面"。有句话说得好"千穿万穿，马屁不穿"，把好话说在前面绝对不是一件坏事。

当你的妻子穿上一件新衣服，转过身来时，你感觉她很美丽，想赞美她一句，可是你又怕显得肉麻，更怕妻子不领情，于是你用诸如"'老夫老妻'了，不必再来这个""我就是不说，她也不会不高兴"等"逻辑"把你的喉咙栓塞上，最终你还是没说……

当同事获得了一项荣誉，你深知那确实是他长期努力的结果，你想对他说："这是实至名归……"可是你怕别人认为你是虚伪的奉承，于是话到嘴边，你竟又吞了下去……

在楼门口遇上了邻居全家老少三辈，全体出动，他们是去附近的小饭馆聚餐的。看到他们那和谐喜悦的情形，你想跟他们说几句祝福的话，可是你想到两家并不熟，又觉得此时此刻人家也许并不会珍视你的友好表示，于是你只是侧身让他们一家走过，轻轻地咳嗽了几声……

在商场购物，你遇上一位服务态度确实非常好的售货员，当她将你购买的商品装进漂亮的塑料袋，亲切地递到你手中时，你本想不仅说一声"谢谢"，而且还想再加上几句鼓励的话，可是到头来你还是没说，因为你想着"我是'上帝'，她本应如此"……

这就是你的不对了！当你面对他人，心头涌现了非功利目的、自然亲切、朴素厚实的好话时，请你不要犹豫，不要迟疑，不要退却，不要扭捏，你要快把好话说出口！只要你确实由衷而发，确实不求回报，确实充满善意，确实问心无愧，就应该大大方方、清清楚楚地把那好话说出来，即使遇上了"狗咬吕洞宾"的情形，"好心换了个驴肝肺"，也并无损失，因为你焕发着人性善的光辉，把好话给予了别人。即使是你的亲人，这也是必要的"播种"，因为这是善意、爱意的种子。这种子落在被授予者的心田，多半会生出根，发出芽，开出花，结出果……每个人都需要来自他人的好言好语。

作家刘墉讲过自己经历的一件事。有一次他叫印刷工人送来印好的新书。书很多，堆了一摞又一摞。因为堆得不整齐，他特别请工人们别堆得太高，以免倒下来伤人。他看工人们忙得大汗淋漓，于是除了运费还给了他们不少小费。看到小费，工人们很不好意思地说："早知道您要给小费，我们应该给您堆得再整齐一点。"从这件事情上，刘墉先生自称得到了一个不小的教训：如果你希望服务更好一点而给小费，最好当着面事前先说清楚。

这就是心理学上常说的激励效应。人的内心中常常存在着需求激励的欲望，而这种欲望则要通过本人对自己的鼓励或者外部的激励来完成。缺乏激励就会导致人没有足够的热情。这里谈到的现象就和人对外部激励的需求有关。激励可以是积极的，也可以是消极的，积极的激励可以看作是把事情完成后的小费，而消极的激励则可认为是如果事情办不好则会有惩罚。

同一句话，说的时间不同，效果也会不同。"把好话说在前面"，让对方受到激励，对方会更加配合你。

3.说话要讲究方法

说话要讲究一定的方法，要做到不该说的不说，不该问的不问。要知道，这个场合能说的话在另一个场合就不一定可以说，昨天能说的话今天就不一定能说，对年轻同志说的话对老同志就不一定能说，对男同志说的话对女同志就不一定能说，对领导说的话对同事就不一定能说，等等。

　　说话要适时。不管一个人说话的内容有多么精彩，如果时机掌握不好，也无法达到有效说话的目的，因为听者的内心往往随着时间的变化而变化。如果要让对方愿意听你讲话，或者接受你的观点，就应当选择适当的时机讲话。犹如一个参赛的棒球运动员，虽有良好的技术、强健的体魄，但是他没有把握住击球的决定性瞬间，或早或迟，棒都会落空。所以，时机非常宝贵。但何时才是这"决定性的瞬间"，怎样才能判明并及时抓住呢？这并没有一定的规则，主要根据谈话时的具体情况而定。

　　在交际场合中，往往会出现这样的情况：有的人口若悬河，非常健谈；而有的人即使坐了半天，也没有讲一句话，他根本找不到要说的话题。当然这里有一个切入话题时机的问题。

　　在讲话的时候要及时地切入话题，首先必须找到双方共同关心的基本点。如王某新买了一台洗衣机，因质量问题连续几次到维修站修理，都没有修好。后来，他找到修理站的经理诉说他的情况。

　　这时，修理站的经理以很快的速度把正在看武侠小说的年轻修理工小张叫来，询问一些相关的情况，并提出批评，责令其为王某修理。一路上，小张铁青着脸不说一句话。王某灵机一动，问道："你看的《江湖女侠》是第几集？"对方答道："第二集，快看完了，可惜找不到第三集。"王某说："包在我身上。我家还有不少武侠小说，等一会你尽管借去看。"紧接着，双方围绕武侠小说你一言我一语，谈得津津有味，开始时的紧张气氛消除了。后来，不但修好了洗衣机，两个人还成了非常要好的朋友。

　　有些人在经历了说错话所带来的不愉快后，决定保持沉默。但是，身处社会之中，我们能够一直保持沉默吗？答案是否定的。

　　从前有一位僧侣，他的徒弟是个懒虫，老是睡到日上三竿。有一天他叫醒徒弟，对其大叫："你还睡，连乌龟都已经爬到池塘外边晒太阳了！"就在此时，有个人想要抓些乌龟给母亲治病，他听到僧侣的话后，就赶到池塘边。果然，有许多乌龟正趴在那里晒太阳。他抓了几只乌龟，为母亲炖汤。为了感谢僧侣，他带了些乌龟汤给他。僧侣却对乌龟的死感到非常愧疚，于是，他发誓以后不再说话了。

过了不久，这位僧侣坐在寺庙前休息，他看见一位盲人朝着池塘走了过去。他原本想要叫盲人不要再往前走，但他记起了自己曾经的誓言，决定保持沉默。正当他的内心在交战时，盲人已经掉到池塘里了。这件事情让僧侣感到很难过，他才明白人活在这个世界上，不能一味地保持沉默或喋喋不休。说话的艺术在于轻声细语有礼貌，不可以莽撞无礼。假如要避免争执或批评，就必须学会在适当的时机说适当的话。

在很多时候，当人与人之间的交谈进入主题时，就容易按照惯性思维继续下去，从而忘却了"言出如箭，不可乱发；一入人耳，有力难拔"的古训。这正是在许多谈话者当中出现中途吵架或者不欢而散的主要原因。

在与人相处中，说话的时机把握不好，再好的言语也是很难打动人心的，也更难做到愉快地与人交往。既然是交往，那么在语言上就应该与人为善，同时也应该学会维护彼此的尊严与权利。要想做到二者兼顾，就必须掌握好每一句话说出口的时机。

4.别人的隐私谈不得

一个聪明的人，是不会对别人的隐私感兴趣的，他知道有些事情最好是点到为止，只有这样，才能给自己也给别人留下一个自由的空间。那么如何避免谈论别人的隐私呢？一是不可在谈话中拐弯抹角地窥探别人的隐私，二是不可知道了别人的一点点隐私就到处宣扬。宇宙之大，谈资无所不有，何必非要把他人的隐私当作谈资呢？

对待别人的隐私，要切忌人云亦云，以讹传讹。为什么这样说呢？首先你要明白，你所知道的关于别人的事情不一定确凿无误，也许还有许多隐情你不了解。要是你不假思索地把你所听到的片面之言宣扬出去，难免颠倒是非。话说出口就收不回来，事后你完全明白了真相后再后悔，已经于事无补，可能你已经给他人造成了不良的影响。

事实上，人与人之间的关系相当复杂，你如果不知内幕，就不可信口雌黄，以免招惹是非。

小李讲了这样一个故事：

去年底，部门里一个叫张丽的女同事辞职，公司新招了一个叫赵影的女孩来顶替她。张丽的电脑自然也归赵影使用。上班没多久，赵影便在一天午饭时眉飞色舞地说："前面那个人蛮有趣的么，在电脑里留了很多小说，好感人哦！不知道她哪里下载的……你们想看吗？"于是午休时间几个同事的邮箱里都有了一篇"日记体小说"，开篇第一句就是："爱上我的上司张朋，已经两年。"——不幸的是，女主角名叫张丽，而这家公司的部门经理也叫张朋。更不幸的是，这绝不是小说，同事一眼就发觉了。但不幸中的万幸是，赵影没有"邮件群发"，张朋不会收到。

大家看完了面面相觑，但可把赵影吓坏了。有人拍拍赵影的肩，"删掉这篇文章吧，以后不要提……"叫她不提，可私下里，同事怎么忍得住："张丽怎么那么粗心，走的时候都不'格式化'硬盘？""她暗恋了上司那么久，张朋说不定是知道的，但是不理她。她这明摆着是让这些东西漏出来让张朋难堪嘛！""也不一定，说不定她在等着有一天可以传到张朋耳朵里，反正他太太也不在上海……"不知道这篇在公司里传来传去的"暗恋日记"最终有没有传到张朋那里，总之赵影在张朋手下干得很不开心，半年不到就辞职了。临走前，赵影没有忘记把硬盘"格式化"。

每个人都有好奇心，他们一旦获悉的秘密，是很难把它忘记的。而现实生活中有一种人，专好推波助澜，把别人的隐私编得有声有色，夸大其词地逢人就说，人世间不知有多少悲剧由此而生。

如果茶余饭后要找谈话的资料，那天上的星星、地上的花草，无一不是谈话的好话题，不是一定要说东家长、道西家短才能消遣时间。此外，如果总是传播别人的隐私，最终会成为难以与人相处的"孤家寡人"。

5.话要说到"点子"上

古人云：山不在高，有仙则名；水不在深，有龙则灵。说话也是如此，话不在多，但要说到"点子"上。在生活节奏紧张快速的现代社会中，没有人愿意花费大量的时间去听你的长篇大论。这就要求你在谈话时要做到言简意赅，一针见血。

《三国演义》中有一段"白门楼斩吕布"的故事。吕布被曹操所擒，曹操考虑到吕布的本领高强，有心饶他不死，留下为己所用。为此，他征求刘备的意见。刘备担心吕布归顺曹操后，不利于日后自己称雄天下，希望曹操处死吕布。这时，刘备本可以列举吕布的很多劣迹恶行，但他仅选择了吕布心狠手辣、恩将仇报、亲手杀死义父的典型事例来说服曹操。刘备只说了句："公不见丁建阳、董卓之事乎？"一句话，提醒曹操想到吕布反复无常，很难成为心腹，弄不好就成为吕布的刀下鬼。于是，曹操下决心，立斩吕布。

话要说到关键处才能起到作用。话并不是说得越多才越有说服力，要抓住谈论的要害，才能事半功倍。因此要想在人际交往中处于不败之地，就要有个好口才，这就像我们辩论一样，抓不住对方的论点要害，永远也不会把对方击败。

汉武帝好巡游，一次在鼎湖病后到甘泉视察，发现甘泉官道坎坷难行，事先未及整治，不禁恼怒从心而起："难道义纵觉得我必定驾崩鼎湖。连甘泉也来不了了吗？"

这件事本是义纵的疏忽，情急之中义纵竟难以置辩。不久，汉武帝就找借口杀了义纵。

同样是这个汉武帝，好骑马游猎，一次大病之后，猛然发现宫中御马竟比以前瘦了许多。他喝令叫来管马的上官桀，骂道："你是不是以为我该病死，连御马也看不到了？"说罢便要治罪。

上官桀非常机智，急忙申辩说："臣万死不辞，唯知陛下圣体欠安，臣日夜忧虑，无心喂马。臣确实已失职，陛下愿杀愿罚，都请自便，只要陛下圣体健康,臣死而无憾!"言未毕,泣不成声。

没有养好马与没有修好官道一样,都是没有尽到职责,但是上官桀却很高明地将失职转成尽忠的表现。言语之间,使汉武帝觉得他极为忠诚。结果,上官桀不仅没有被杀头,反而受到重用,累官至骑都尉。可见说话能言善辩,语中要害最关键,在危急时刻不仅能扭转形势,还能保住自己的一条性命。

美国加利福尼亚州的大亨乔治,资产逾10亿美元。某年他与商业伙伴戴维从加州飞往中国某大城市,准备投资建厂,寻找合作伙伴。三天后,乔治坐到了谈判桌前,谈判对象是一个企业的领导。这位领导精明能干,通晓市场行情,令乔治颇为欣赏。听了这位领导对合资企业的宏伟设想后,乔治感到似乎已看到了合资企业的光辉前景。正准备签约时,忽听这位领导又颇为自豪地侃侃而谈道:"我们企业拥有两千多名职工,去年共创利税七百多万元,实力绝对雄厚……"

听到这儿,乔治暗暗地掐指一算:七百万元人民币折成美元是九十余万元,两千多人一年才赚这么点儿钱?而且,这位领导居然还十分自豪和满意。这令乔治非常失望,离自己预定的利润目标差距太大了!如果让这位领导经营的话,是很难有较高的经济效益和利益的,于是乔治决定立即终止合作谈判。

试想一下,如果那位领导不说最后那句沾沾自喜的话,谈判也许会以另一种结局而告终。那位领导最后那些不着边际、更是画蛇添足的话,不仅暴露出他自身的弱点,而且令外商失去了合作的信心,最终撤回投资意向,的确是多余之至。

"花钱花在刀刃上,敲鼓要敲到点儿上",话说在点子上对方自然会欣然接受。

6.多言赞美,勿论人非

爱美之心人皆有之,每个人都具有不同的个性,也都具有不同的优缺点,每个人都在乎外界对自己的肯定和赞扬。抓住每个人的个性，赞美他们的优点，是协调人际关系的有效手段之一。真诚的赞美会使你获得良好的人际关系，会让你感到其乐融融。

有一位工程师史先生，他想要降低自己所租住的房租，可他知道他的房东是相当顽固的，他说："我写信给房东，告称在租约期满后，准备迁出，实际上我并不想迁居，只希望能降低租金，但依情势来看，不会有太大希望，因为许多的房客都失败过，那房东是很难'对付'的，不过我正在学习如何待人的技术，因此我决定试验一下，房东收到我的信后，不出几天就来看我了，我在门口很客气地迎接他，我充满了和善和热诚，我没有一开口就提及房租太高，我开始谈论我是如何地喜欢他这房子，我做的是'诚于嘉许宽于称道'。我恭维他管理房舍的方法，并告诉他很愿意继续住下去，但是限于经济能力不能负担。"

"显然，他从未接受过房客如此的肯定和款待，他几乎不知如何是好，于是他开始向我吐露，他也有他的困难，有一位抱怨的房客，曾写过十多封信给他，简直是在侮辱他，更有人曾指责：假如房东不能增加设备，就要取消租约。

"临走时他告诉我：'你是一个爽快的人，我乐于有你这样一位房客。'没有经过我的请求，他便自动降低了一点租金，我希望再降一点，于是我提出了我的数目，于是他便毫无难色地答应了。当他离开时，还问我有什么需要替我装修的。

"假如我用了别的房客的方法去降低租金，一定会遭遇与他们同样的失败，可是我用了友善、同情、欣赏、赞美的方法，这使我获得了胜利。"

当然，赞美别人要真心，要恰如其分，不要言过其实，说得天花乱坠，过了头的赞美就不是赞美，而是"拍马屁"了。因人、因时、因地、因场合适当地赞美人，是对别人的鼓励和鞭策。年轻人爱听风华正茂、有风度之类的赞语；中年人爱听幽默风趣、成熟稳健之类的赞语；老年人爱听经验丰富、老当益壮、德高望重之类的赞语；女同志爱听年轻漂亮、衣服合体、身材好之类的赞语；少儿爱听活泼可爱、聪明伶俐之类的赞语；病人爱听病情见好、精神不错之类的赞语。

善于发现别人的长处，还要善于赞美，赞美别人的同时，你的心灵能得到净化，你就会发现世界无限美好，人间无限温暖。

赞美有时也无须刻意修饰，只要源于生活，发自内心，真情流露，就会收到赞美之效。但要更好地发挥赞美的效果，也需要注意以下几个要点。

（1）实事求是，措辞恰当。当你准备赞美别人时，首先要掂量一下，这种赞美，对方听了是否会相信，第三者听了是否会不以为然，一旦出现异议，你有无足够的理由证明自己的赞美是有根据的。

例如，一位老师赞美学生们："你们都是好孩子，活泼、可爱、学习认真，做你们的老师，我很高兴。"这话讲得就很有分寸，可以使学生们既努力学习，又不会骄傲。但如果这位老师说："你们都很聪明，将来会大有出息，比其他班的同学强多了。"则效果就很有可能大不一样了。

（2）赞美要具体、深入、细致。抽象的东西往往不具体，难以给人留下深刻印象。如果称赞一个初次见面的人"你给我们的感觉真好"，那么这句话一点作用都没有，说完便过去了，不能给人留下任何印象。但是，倘若你称赞一个好推销员："小王这个人为人办事的原则和态度非常难得，无论给他多少货，只要他肯接，就绝对不用你费心。"那么，由于你挖掘了对方不太明显的优点，并给予赞扬，增加了对方的价值感，因此赞美起的作用会很大。

（3）热情洋溢。漫不经心地对对方说上一千句赞扬的话，也等于白说。缺乏热情的空洞称赞，并不能使对方高兴，有时还可能由于你的敷衍而引起对方的反感和不满。因此，在赞美对方时，一定要热情洋溢，由衷而发。

（4）赞美多用于鼓励。鼓励能让人树立起自信心。自信是成功的一半，用赞美来鼓励对方，能达到事半功倍的效果，尤其在"第一次"。无论任何人干任何事情，都有第一次的时候，如果对方第一次干得不好，你应该真诚地赞美一番："第一次有这样的表现已经很不容易了！"别人会因为你的赞美而树立信心，下次自然会做得更好。

（5）借用第三者的口吻赞美他人。赞美随时随地都能听见，面对面或直接地赞美对方，总有点恭维奉承之嫌。若换个角度，换种说法，也许就好多了。以"第三者"的口吻来赞美对方，说："难怪某某一直说你很不错，今日一见……"可想而知，对方一定很高兴。因此，当面赞扬一个人，有时会令人感到虚假，怀疑你是否出于真心，而间接地在背后赞美对方，会使对方感到你对他的赞扬是真诚的。

对别人的赞美要客观、有尺度、出于真心。而阿谀奉承、刻意恭维讨好，这样做会适得其反，会引起别人反感。赞美之辞既是对别人成绩的肯定，使听者感受到自己存在的价值，激发他人努力去作出更大的成就，与此同时，自己也能获得无限的快乐。而扼杀人与人之间最为宝贵的真诚的乃是妒忌，见不得别人比自己有地位、有成就，见不得别人比自己有钱的心态，是无法说出真诚的赞美之词的。因此，说出真诚、由衷的赞美是需要雅量的。

7.满足别人的好胜心

不是谁都明白"成全"一词的重要性，也不是谁都会懂在成全别人的背后，即将成全的是我们自己。生活中有些人，无理争三分，得理不让人，小肚鸡肠。相反，有些人真理在握，不吭不响，得理也让人三分，显示出君子的风度。前者往往是生活中的不安定因素，后者则具有一种天然的向心力；一个活得叽叽喳喳，一个活得自然潇洒。有理、没理、饶人、不饶人，一般都是在是非场上、论辩之中。假如是重大的或重要的是非问题，自然应当不失原则地论个青红皂白，甚至为追求真理而献身。但日常生活中，也包括工作中，往往为一些非原则问题、鸡毛蒜皮的问题争得不亦乐乎，以至于非得决一雌雄才算罢休的人会被别人瞧不起。

争强好胜是人的天性。对于别人的好胜心，我们不要极力排斥，也不要置之不理。应该学会成全别人的好胜心。

学生们对一位新来的老师感到有些好奇和畏惧。因此这位老师故意在课堂上说："我的字写得不好看，板书更差，小学时我的书法都不及格。"以此博得学生一笑，为的是很快缩短师生之间的距离。有时他也会说："如何，我的领带漂亮吗？"学生就会暗暗在心里想："这老师真有趣，总注意些小事，可见老师也是凡人。"学生的心情一下子放松了，便对老师产生了亲切感。

与有自卑心理和戒备心的人交谈是很困难的，尤其在社会地位有差距时，对方在居下的位置上心中会有胆怯感。此时，对方心理上自然会筑起一堵防御墙，因此，在与对方交谈时，应首先让对方树立"自己不比别人差"的观念，这一点很重要。

美国华盛顿特区有一位名演员，是出名的花花公子，一位曾经被他追求过的女性回忆说："若是他触动了我的'母性'本能，我就凡心大动。他往往会说：'我真笨，连衬衫都穿不好。'"这位男演员就是利用对方的母性本能，博得女人欢心的。

人人都有自尊心，人人都有好胜心，若要联络感情，就应处处重视对方的自尊心，因为要维护对方的自尊心，所以你必须抑制自己的好胜心，成全对方的好胜心。

比如对方与你有同性质的某种特长，在对方与你比赛时，你可以让他一步，即使对方的技术敌不过你，你也可以让对方获得胜利。但是一味退让，便会表现不出你的真实本领，也许也会使对方误认为你的技术不太高明，从而在心里轻视你。所以你与他比赛的时候，应该施展你一定的本领，先造成一个均势之局，使对方知道你不是一个弱者，再进一步施小技，故意留个破绽，让其从劣势转为均势，从均势转为优势，最后把胜利让于对方。对方得到这个胜利，不但费过许多心力，而且最终能转危为安，心情一定十分愉快，对你也会有敬佩之心。不过在安排破绽时，必须十分自然，千万不要让对方明白这是你故意使他胜利，否则对方便会觉得你为人虚伪。

在有些情况下，成全别人的好胜心显示了大度的心胸和姿态。争强好胜者未必掌握真理，而谦逊的人，原本就把出人头地看得很淡，更不消说一点小是小非的争论，根本不值得称道。你若是有理，却表现得谦逊，往往能显示出你的胸襟之坦荡、修养之深厚。

8.学会适当沉默

德拉克罗瓦说："沉默总是有威力的。慎重的人适时地保持沉默，总会在处理事务和任何种类的关系中，保持着颇大的优势。"都说沉默是金，是的，有时沉默也是一种解决问题的好办法。

你觉得一个人多说话好呢，还是沉默好？以"说话是铁，沉默是金"的说法来看，那便是沉默比多话好。人之言语即是他行为的影子，我们常因言多而伤人。言语伤人，胜于刀枪，刀伤易愈，舌伤难痊。

曹操向来都很欣赏曹植的敏捷才思，很想把王位传给他。曹丕在诗词方面与曹植相比，相差很多，曹丕的谋士吴质却很会揣摩曹操的心理，他扬长避短，为曹丕设计了恰当的表现内容，并逐步使曹丕代替了曹植在曹操心目中的地位。

一次，曹操要带兵出征，曹丕和曹植为父亲送行。曹植出口成章，颂扬曹操的功德，曹操听了很是高兴。要说曹植这马屁拍得很准，让后面出场的曹丕很不好办，然而吴质却在曹丕耳旁告诉他，待会儿只要痛哭就行了，什么都不用说。

曹丕一点就通，在曹操面前哭得昏天黑地，对曹操的眷恋之情表现得淋漓尽致。曹操和众人都被这场面所感动了。曹操及众人反而认为曹植的华丽辞藻显得华而不实了。

后发制人可以使你变强，帮你战胜强者。

有道德者，绝不泛言；有信义者，必不多言；有才谋者，不必多言。多言取厌，虚言取薄，轻言取侮，唯有保持适当的缄默方可取。

我们的语言绝对要适量，无把握的事不要乱开口，尤其当有陌生人比我们有经验和有更多了解的人在座时，我们多说了，便可能会暴露自己的弱点，并失去一个获得智慧及经验的机会。

一个人说得少而且说得好，便可视为绅士。在我们的人生中，有两种训练是不可少的，那就是沉默与优美文雅的谈吐。如果我们不会机智的谈吐，又不会适时沉默，是很大的缺憾。我们常因谈话太多而后悔，所以，当你对某事无深刻了解的时候，最好还是保持沉默。

若是到了非说不可时，那么你所说的内容、意义、措辞、声音、姿势，都不可不加以注意，什么场合，应该说什么，怎样说，都应加以研究。无论是探讨学问、接洽生意，还是交际应酬、娱乐消遣时，种种从我们口里说出的话，一定要有重点，要具体、生动。不鸣则已，一鸣惊人，我们虽未必能达到这个境界，但我们只要朝这个目标努力，是会有收获的。要知道，为了使你的话得到他人的重视，不使他人反感，有一个秘诀是说适量的话，说适量的话能使你静静地思索，使你说出的话更精彩、更动人。

做一个耐心的听者，是谈话艺术当中一项重要的条件。能静坐聆听别人意见的人，必定是一个富于思想和具有谦虚性格的人，这种人在人群之中，也许开始不大受人注意，但最后往往是最受人尊敬的。因为他虚心，所以为大家所喜爱；因为他善于思维，所以成为众人所信仰的人。那么，怎样做一个良好的听者呢？

首先，要专心。别人和你谈话的时候，你的眼睛要注视着他，无论对你说话的人地位比你高还是低，眼睛注视着对方是一件必要的事情，只有虚浮、缺乏勇气或态度傲慢的人才不去正视别人。别人对你说话时，不可做一些绝无必要的工作，这是不恭敬的表示，而且，如若这样，当他偶然问你一些什么事时，你就会因为不留心他所说的话而无所适从。

其次，倾听别人的话时，偶然插上一两句同情的话是很好的，不完全明白时及时提问也是非常重要的，因为这样做正是表示你对他的话十分留心，但不可抓住发言的机会就滔滔不绝地说自己的，除非对方的话已告一段落，没有人开口了，这时你便可以把话接下去。

第三，无论他人说什么话，最好不要过于随便纠正对方的错误，以免引起对方的反感。如果要提出意见或批评，要讲究时机和态度，不要太莽撞，不讲究方式和方法，无疑会将好事变成坏事。

有些人常喜欢说一件对你重复说了好几次的事情，这是深埋在他心里最难忘的事情。也有些人会把一个笑话说了多次还当新鲜的笑话来讲，在这种情况下，作为听者的你，要表现出你的耐心。你不能对他说：这事你已经对我说过好几遍了。这样做会伤害对方的自尊心，你应该做的事是耐心听下去，你这时心里应该明白他是一个记忆力不好的人，你应该同情他，更何况他对你说这个笑话往往是表示对你的好感和信任。

一个冷静的倾听者，不但到处受人欢迎，且会逐渐知道许多事情。而一个喋喋不休者，像一只漏水的船，每一个乘客都会赶快逃离它。同时，多说积怨，瞎说惹祸。正所谓言多必失，多言多败。

9.心里话不能"随便"说

俗话说："逢人只说三分话。"还有七分话，不必对人说出。但是，很多男人也许以为大丈夫光明磊落，事无不可对人言，何必只说三分话呢？一些深谙世故的人，的确只说三分话，你一定认为他们狡猾、不诚实。其实说话是需要看对方是什么人的。对方不是可以尽言的人，你说三分真话，已不为少。这就是孔子所说的"不得其人而言，谓之失言。"

我们还要注意，心事不要随便说出来，当别人看透或者知道你的心事的时候，你的脆弱就会暴露在别人面前。任何人若能在保守秘密这个问题上处理得当，就不会因泄露秘密而把事情搞得复杂化。

许多人有一个共同的毛病：肚子里搁不住心事，有一点点喜怒哀乐之事，就总想找个人谈谈；更有甚者，不分时间、对象、场合，见什么人都把心事往外掏。其实这也没有什么不对，好的东西要与人分享，坏的东西当然不能让它沉积在自己心里，要说可以，但不能"随便"说，因为你每个倾诉对象都是不一样的，说心里话的时候一定要有"心机"，该说则说，不该说千万别说。

处理心事要慎重，因为心事的倾吐会泄露一个人的脆弱面，这脆弱面会让人改变对你的印象，虽然有的人欣赏你"人性"的一面，但有的人却会因此而下意识地看不起你，最糟糕的是脆弱面被别人掌握住，可能会对你今后有所不利，这一点不一定会发生，但你必须预防。

此外，有些心事带有危险性与机密性，例如你在工作上承担的压力，你对某人的不满与批评，当你快乐地向别人倾吐这些心事时，有可能在他日会被人拿来当成反驳你的武器。那么，对好朋友应该可以说说心事吧！答案还是：不可随便说出来。你要说的心事还是要有所筛选，因为你目前的"好"朋友未必也是你未来的"好"朋友，这一点你必须了解。

任何人，若能在保守秘密这个问题上处理得当，就不会因泄露秘密而把事情搞得复杂化，或者使自己陷入身败名裂的境地，从而保持良好的个人形象，成就一番事业。

当你和别人共同拥有一个秘密时，往往你会因这个秘密同对方拴在了一起。这对你灵活机动地处理事情是一个障碍，在处理一件事时，你往往要考虑他的利益，这可能会使你做出违背原则的事。同时，对方可能会在关键时刻，拿出你的秘密作为武器回击你，让你在竞争中失败。

即使是对家里人，也不可强行把心事说出来。譬如说，你的配偶对你的心事的感受与反应并不像你预期的那样，因此他可能对你产生误解，甚至把你的心事也说给别人听。然而，闭紧心扉，心事"滴水不漏"也不是好事，因为这样你就会成为一个城府深、心机沉、不可捉摸与亲近的人了。

聪明的人在交谈时，会把局势扭转到对自己有利的一方。说说无关紧要的心事给周围的人听的同时，多听听别人的心事，别人就会因你多听而多说，他说得越多，说明对方越信任你。少说，不但可以导引对方多说，还可以避免流露自己的内心秘密，一切的一切，都在你的掌握之中。常点头，这并不是要你做个没有主见的应声虫，而是避免成为别人眼里不合时宜的人。也就是说，听别人说话时，多点头，表示你在专注与附和，如果有不同意见，也要先点头再提出，然后顺着对方的思路说出自己的观点。对于无关紧要的事，不必过于坚持己见，多点头就可以了。

不把自己的秘密全盘地告诉给对方是处世的潜规则。不要亲手为自己埋下一颗"炸弹"。切记在任何情况下，都要逢人只说三分话，未可全抛一片心。

10.打人不打脸，揭人不揭短

俗话说得好："打人不打脸，揭人不揭短。"要想与他人友好相处，就要尽量体谅他人，维护他人的尊严，避开言语雷区，千万不要揭人之短！

《三国志·周群传》中说刘备"少须眉"。在古代，胡子、眉毛稀少，被认为是没有男子汉气概的象征。刘备下巴是光秃秃的，可能跟太监长得很相似。

刘备刚来到西蜀时，嘲笑刘璋手下的官员张裕胡须茂盛，他说："我从前住在涿县，那里的许多人都姓毛，而且四面八方散落居住，涿县县令就说'诸毛绕涿居'。"涿和啄谐音，指嘴，诸和猪同音，刘备的话的意思是"猪毛绕嘴居"，这是在嘲笑张裕的嘴像多毛的猪嘴。

张裕马上反唇相讥道："从前有个人是做上党郡潞县的县令，后来升任到涿县令，离职后有人想写信给他，称呼他的官爵，写潞县就漏了涿县，写涿县就漏了潞县，干脆就称呼他为'潞涿君'。"

"潞涿"和"露啄"同音，这是张裕在嘲笑刘备嘴上无毛，下巴光光的。刘备没占到便宜，很是生气，但又不好发作，他把这口气忍在了心里。后来他赶跑了刘璋，张裕成为自己的下属。有一天刘备找了一个借口，把张裕杀了，诸葛亮求情也没用。

寒暄客套的话谁都能说，但并不是谁都会说，一不小心，也许你就踏进了言语的雷区，触到了对方的隐私和短处，犯了对方的忌讳，对听话者造成一定的伤害。其实，每个人都有所长，亦有所短，待人处事的成功，一个很重要的因素就是善于发现对方身上的优点，夸奖对方的长处，而不要抓住别人的隐私、痛处和缺点大做文章。

揭短，有时是故意的，那是互相敌视的双方用来作为攻击对方的武器。揭短有时又是无意的，那是因为某种原因一不小心犯了对方的忌讳。有心也好，无意也罢，在待人处事中揭人之短都会伤害对方的自尊，轻则影响双方的感情，重则导致友谊的破裂。

明太祖朱元璋出身贫寒，做了皇帝后自然少不了有昔日的穷哥们儿到京城找他。这些人满以为朱元璋会念在昔日共同受罪的情分上，给他们封个一官半职，谁知朱元璋最忌讳别人揭他的老底，认为那样会有损自己的威信，因此对来访者大都拒而不见。

有位朱元璋儿时一块长大的好友，千里迢迢从老家凤阳赶到南京，几经周折总算进了皇宫。一见面，这位老兄便当着文武百官大叫大嚷起来："哎呀，朱老四，你当了皇帝可真威风呀！还认得我吗？当年咱俩可是一块儿光着屁股玩耍，你干了坏事总是让我替你挨打。记得有一次咱俩一块偷豆子吃，背着大人用破瓦罐煮。豆还没煮熟你就先抢起来，结果把瓦罐都打烂了，豆子撒了一地。你吃得太急，豆子卡在嗓子眼儿里，还是我帮你弄出来的。怎么，不记得啦？！"

这位朱元璋儿时的好友在那喋喋不休唠叨个没完，宝座上的朱元璋再也坐不住了，心想此人太不知趣，居然当着文武百官的面揭他的短处，让他这个当皇帝的脸往哪儿搁！盛怒之下，朱元璋下令把这个"穷哥们儿"杀了。这就是令他人脸上挂不住的下场。

那么，怎样才能做到不"揭人之短"呢？

——必须通晓对方，做到既了解对方的长处，也了解对方的不足，这样才能在交际中做到"知彼知己，百战不殆"。每个人都会有自己的个性和习惯，有自己的需求和忌讳，如果你对交际对象的优缺点一无所知，那么交际起来，就会"盲人骑瞎马"，难免踏进"雷区"，触犯对方的隐私。

——要善于择善弃恶。要多夸别人的长处，尽量回避对方的缺点和错误。"好汉愿提当年勇"，有谁愿意提及自己不光彩的一页呢？特别是如果有人拿这些不光彩的问题来做文章，就等于在伤口上撒盐，无论谁都是不能忍受的。

——指出对方的缺点和不足时，要顾及场合，别伤对方的面子。

——巧给对方留面子。有时候，对方的缺点和错误无法回避，必须直接面对，这时就要采取委婉含蓄的说法，淡化矛盾，以免发生冲突。

许多情况下，经常有人"常有理不见得会说话"，自己占理却总是说不到点子上。要想把话说到别人的心坎儿上，除了不揭人之短外，还要特别注意避人所忌。

第四章 交友进退之道：结交真朋友，远离假君子

"画虎画皮难画骨，知人知面难知心。"在现实生活中，有这样一种人：他们打着"朋友"的幌子，专门坑害那些把他们当朋友的人，让人防不胜防。对此，要练就一双"火眼金睛"，能够明察秋毫，将这些人从朋友中区分开来，为自己的事业保驾护航。

1.朋友是一笔无价的财富

朋友是一本书，一双手，一面镜子……我们重视朋友，朋友有比金子还贵重的意义。朋友是一条线，以线织网，就形成朋友圈。而朋友圈则是一种挖掘不尽的资源，是一笔无价的财富，让你一生一世都享用不完。

朋友是关系，自古皆然。"在家靠父母，出门靠朋友。"靠朋友什么？靠朋友帮忙，靠朋友谋事，靠朋友结识朋友。朋友是一条线，以线牵线，以线织网，就能拥有自己的朋友圈了。朋友也是一条路，会走的路路通、路路顺，不会走的则四处碰壁、走投无路。"为人一条路，惹人一堵墙"，此乃经验之谈。

有一个关于维克多连锁店的故事。

维克多从父亲的手中接管了一家古老的食品店，很早以前就存在而且已出名了。维克多希望它在自己的手中能够发展得更加壮大。

一天晚上，维克多在店里收拾，第二天他将和妻子一起去度假。他准备早早地关上店门，以便做好准备。突然，他看到店门外站着一个年轻人，面黄肌瘦、衣衫褴褛、双眼深陷，典型的一个流浪汉。

维克多是个热心肠的人。他走了出去，对那个年轻人说道："小伙子，有什么需要帮忙的吗？"

年轻人略带点腼腆地问道："这里是维克多食品店吗？"他说话时的口音带着浓重的墨西哥味。"是的。"维克多回答道。

年轻人更加腼腆了，低着头，小声地说道："我是从墨西哥来找工作的，可是整整两个月了，我仍然没有找到一份合适的工作。我父亲年轻时也来过美国，他告诉我他在你的店里买过东西，喏，就是这顶帽子。"

维克多看见小伙子的头上果然戴着一顶十分破旧的帽子，那个被污渍弄得模模糊糊的"V"字形符号正是他店里的标记。"我现在没有钱回家了，也好久没有吃过一顿饱餐了。我想……"年轻人继续说道。

维克多知道了眼前站着的人只不过是多年前一个顾客的儿子，但是，他觉得应该帮助这个小伙子。于是，他把小伙子请进店内，好好地让他饱餐了一顿，并且还给了他一笔路费，让他回国。

不久，维克多便将此事淡忘了。过了十几年，维克多的食品店越来越兴旺，在美国开了许多家分店，他于是决定向海外扩展，可是由于他在海外没有根基，要想从头发展也是很困难的。为此，维克多一直犹豫不决。

正在这时，他突然收到一封从墨西哥寄来的陌生人的信，原来正是多年前他曾经帮过的那个流浪青年。

此时那个年轻人已经成了墨西哥一家大公司的总经理，他在信中邀请维克多到墨西哥发展，与他共创事业。这对于维克多来说真是喜出望外，有了那位年轻人的帮助，维克多很快在墨西哥建立了他的连锁店，而且发展得异常迅速。

再来看看下面这个故事。

杰克·伦敦的童年贫穷而不幸。14岁那年，他借钱买了一条小船，开始偷捕牡蛎。可是，不久之后就被水上巡逻队抓住，被罚去做劳工。杰克·伦敦瞅准机会逃了出来，从此便走上了流浪水手的道路。

两年以后，杰克·伦敦随着姐夫一起来到阿拉斯加，加入淘金者的队伍。在淘金者中，他结识了不少朋友。他这些朋友三教九流干什么的都有，而大多数是美国的劳苦人民，虽然生活困苦，但是在他们的言行举止中充满了生存的活力。

杰克·伦敦的朋友中有一位叫坎里南的中年人，来自芝加哥，他的辛酸历史可以写成一部厚厚的书。杰克·伦敦听他的故事经常潸然泪下，而这更加坚定了杰克·伦敦心中的一个目标：写作，写淘金者的生活。

在坎里南的帮助下，杰克·伦敦利用休息的时间看书、学习。1899年，23岁的杰克·伦敦写出了处女作《给猎人》，接着又出版了小说集《做之子》。

这些作品都是以淘金工人的辛酸生活为主题的，因此，赢得了广大中下层人士的喜爱，杰克·伦敦渐渐走上了成功的道路，他著作的畅销也给他带来了巨额的财富。

刚开始的时候，杰克·伦敦并没有忘记与他共患难、同甘苦的淘金工人们，正是他们的生活给了他灵感与素材。他经常去看望他的穷朋友们，一起聊天，一起喝酒，回忆以往的岁月。

但是后来，杰克·伦敦的钱越来越多，他对于钱也越来越看重。他甚至公开声明只是为了钱而写作。他开始过起豪华奢侈的生活，而且大肆地挥霍。与此同时，他也渐渐地忘记了那些穷朋友们。

有一次，坎里南到芝加哥看望杰克·伦敦，可杰克·伦敦忙于应酬各式各样的聚会、酒宴和修建他的别墅，对坎里南不理不睬，一个星期中，坎里南只见了他两面。坎里南头也不回地走了。同时，杰克·伦敦的淘金朋友们也永远地从他的身边离开了。

离开了朋友，离开了写作的源泉，杰克·伦敦的思维枯竭，他再也写不出一部像样的著作了。1916年11月22日，处于精神和金钱危机中的杰克·伦敦在自己的寓所里用一把左轮手枪结束了自己的一生。

俗话说"一个篱笆三个桩，一个好汉三个帮"，每一个成功者的道路都会撒满他人的汗水，一个人独行是很难成功的。

金钱有价，朋友无价。德国的卡西尔说："没有朋友的人，只能算半个人。"波斯的萨迪则说："损失一个朋友你就损失一个肢体，时间可使自己的痛苦减除，但失去永不能补偿。"

2.管理好你的"朋友档案"

不管什么人，只要在社会中生存，就必须靠朋友帮忙，虽然有的朋友不见得能帮你什么忙，甚至还会拖累你，但没有朋友却会无路可走。尤其当今知识经济时代，信息的重要性更是非同一般，朋友有意无意的一句话，就可能蕴藏着巨大的商机。广交朋友不仅会带来精神的慰藉，更是无数机会的源泉。

每一片树叶看上去都相似，实际上却都不相同。朋友也是这样，有的正直无私，有的别有所图；有的是事业上的伙伴，有的只是酒桌上的知己……对形形色色的朋友，只有区别对待，才能正确"亲近"，合理利用这种"资源"。

有的人交际活动很多，整天为应付自己的朋友而忙忙碌碌，甚至叫苦连天。朋友网织得虽然很大，但却漏洞百出，而且又有许多死结，结果真到需要这些"网"来帮忙时，却又难以利用。

有一个人朋友无数，三教九流的朋友都有，他也曾向人夸耀，说他朋友之多，天下第一。

他的邻居曾问他，朋友这么多，你都同等对待吗？

他沉思了一下，对那个邻居说："当然不可以同等对待，要分等级的。"

他说他交朋友都是诚心的，不会利用朋友，也不会欺骗朋友，但别人来和他做朋友却不一定是诚心的。在他的朋友中，真挚诚恳的朋友固然很多，但想从他身上获取一点利益，心存他意的朋友也不少。"对心有恶意，不够诚恳的朋友，我总不能也对他推心置腹吧，那只会害了我自己呀！"所以，在不得罪朋友的情况下，他把朋友分了等级："刎颈之交""推心置腹""可商大事""酒肉朋友""点头哈哈""保持距离"，等等。

他就根据这些等级来决定和对方来往的"频率"和自己心窗打开的程度。

他曾说："我过去就是因为人人都是好朋友，受到了不少伤害，包括物质上和心灵上的伤害，所以今天才会把朋友分等级"。

把朋友分等级听来似乎无情，但这样做确有其必要——为了保护自己免受别人伤害。

人的精力是有限的，交际一定要理顺关系网，建立一个朋友档案，该增的增，该删的删，该修的修，该补的补。如何做到这一点呢？把他们通通纳入我们的"朋友档案"。

"朋友档案"的建立其实很简单。

首先，把我们的老朋友的资料整理出来，并做好记录。这种朋友关系，如能加以掌握，将是一笔相当大的资源。当然，要加强与这些朋友的关系，必须时常参加朋友聚会，并且随时注意朋友的动态。

其次，把我们身边最有用的朋友的资料建立起来，对他们的专长、住所应有详细的记录。他们的工作有变动时，也要在资料上予以修正，以免必要时找不到人。而这些变动情况，则依赖于我们平时和他们的联络。

朋友的资料越细越好，我们还可以记下他们的生日。在他们生日的时候写上一张贺卡，或请其吃个便饭，保证与朋友的关系不断线。

另外，有一种"朋友"也是不能忽略的，那就是在应酬场合认识的，只交换名片但谈不上交情的泛泛之交。这种"朋友"各种行业、各种阶层都会有。我们不应把这些名片丢掉，名片带回家后，要依姓氏或专长、行业分类保存下来，最好在名片上尽量记下这个人的特征，以备再见面时能一眼认出。平时可以借故在电话里向他们请教一两个专业问题，话里自然要提一下碰面的场合，或共同的朋友，"唤起"他对我们的印象。有过请教，他对我们的印象也会深刻些。这种"朋友"也许在哪天，我们就需要他们的帮忙了。

为朋友建立档案之后，还应该为朋友划分等级。有人也许会对为朋友分等级十分反感。不是说对朋友以诚相待、一视同仁吗？为什么要为朋友划分等级呢？实际上，这样做是很有必要的。

我们交朋友要诚心，不要欺骗朋友，但别人来和我们做朋友却不一定全是诚心的。在我们结交的朋友中，讲义气的固然很多，但想从我们身上获取一点利益、心存歹意的人也不少。

对心有歹意、不够诚恳的朋友，我们当然不能对他推心置腹，那只会害了自己。在不得罪"朋友"的情况下，我们可以把朋友分分"等级"，如"刎颈之交级""推心置腹级""可商大事级""酒肉朋友级""点头哈哈级"，等等，这样，我们就可以区别对待了。

要把朋友分等级其实不容易，因为人都有主观的好恶，有时难免会把善良的朋友当成一肚子坏水的人，把凶狠的"狼"看成友善的朋友，甚至在旁人提醒时还不能发现自己的错误，非要等到受了"伤"才如梦初醒。要把朋友分等级，对感情丰富的人可能比较难。因为这种人往往在对方尚未把他当朋友时，早已投入感情，而且把朋友分等级，也会使这种人觉得有罪恶感。不过，任何事情都要经过学习，可以在交友过程中慢慢培养这种习惯。

给朋友分等级，也可简单地分为"可深交级"和"不可深交级"。可深交的，可以和他共享很多的东西，不可深交的，维持基本的礼貌就可以了。这就好比有人来到我们家中，真正的客人请进客厅，推销员之类的在门口应付一下就可以了。毕竟人的精力是有限的，不应在无谓的事情上投入过多精力，否则，我们会生活得很累。

另外，也要根据对方的特性调整和他们交往的方式。但有一个前提必须记住，不管对方多聪明或多有钱，一定要是个"好人"才可深交，也就是说，对方和我们做朋友的动机必须是纯正的。

如果我们目前平平淡淡或失意不得志，那么不必太急于把朋友分等级，因为这时我们的朋友不会太多，还能维持感情的朋友应该不会太差。但当我们有成就了，手上握有权和钱时，对朋友就非分等级不可了，因为这时的朋友有很多是另有所图的。

3.人心之不同，各如其面

古人云："人心之不同，各如其面。"人与人当面接触的时候第一眼往往看对方的相貌，对交往者有一个初步的判断。

人类对事物的一般认识过程首先是感官接受了外界事物，然后心里有了印象，接着发出声音加以评论，最后才表现为人的外表反应。所以我们可以说从貌知其音，再知其心气，最后看清其内心世界。从外貌判断一个人，我们可以从以下方面作为一些参考：

第一，一个心地诚仁的人，往往会展现出温柔随和的貌色。

第二，一个心地诚勇的人，往往会展示出严肃庄重的貌色。

第三，一个心地诚智的人，往往会展示出明智清楚的貌色。

知人于未显之时，这才是识人的一种独特的眼力与远见。

古人认为，人的相貌离不开三大要素：精、气、神。所谓"得神者生，失神者死"。就像古书中所说的："天一生水，于物为精，地二生火，于物为神……欲观其所生，于眼则得之。"无论是交友恋爱，还是应聘求职、人际交往……在处理人与人的关系时，察言观色、分辨善恶是十分重要的。虽不能个个做到精通，但若能略知一二，便可常常使人茅塞顿开，获益匪浅。人的神态，是其精神世界、性格特征的最真实的写照，是一种难以掩饰的内心的自然流露。看人的神态可从以下几方面进行重点观察：

（1）神藏。"藏者如美玉明珠，其光蕴蓄静中，坐久乃见"。如此神态自若之人，多数性格稳重，办事周密，遇事较有主见，独立生活能力强，平生少为外界所惑。

（2）神露。"露而不藏，其睛凸不怒，似怒无神"，或"虎之视物，其睛挺而久不回顾（不灵活之意）"。此种人大多外强中干，貌似强大，外实内虚，千万不可被其假象所迷惑。

（3）神静。"静者，目光清静，明如秋水"，"一见恬然，再见寂然，愈久视之，淡泊自如"。此多为仁慈安静之人，然性格较脆弱。

（4）神急。"急者，言语急，行步急，饮食急；喜怒急者是也。"这种人多瘦少肥，眉毛粗重，常常是多断少谋，事简则成，事繁则败，并始终不悔悟。然"神急者，性情若猴，目深圆而得金光闪动（双目特别有神且转动灵活者）可以成器。"

（5）神威。"威者，不怒而威，眼相广长，开合有势"。这种人大喜不变媚，大怒不强发，惊而不瞬，视之有威，望之有惧，颇有风度，少受七情所扰。

（6）神昏。"昏者，双眸虽大而茫然无光"。多为先天不足，或精神恍惚、毫无主见之人。

（7）神和。"和者，目静自明，其神和惠而恬淡，不喜似喜，虽有怒色，其喜长存。"这种人远望已见其和，实为胸襟坦荡、不妒忌、不孤僻之相。

（8）神惊。"惊者，神怯而如惊，其色屡变，茫然如失。"这种人眼常露白，眼睛偏视，或上或下，或左或右，为神气不足，多疑少断。

（9）神醉。"醉者，眼若醉人，其睛转盼猜倦，犹久病未愈，此乃愚而无悟性之人"。此种人常痴顽不醒，狂眼高视，或两目远离，多为先天愚型，或遭受重大精神创伤之人。

（10）神脱。"脱者，脱如无气，状如土木偶人"。此种人目中神气时有时无，为五脏精气已竭，故又名之曰"行尸"。

4.神情是内心活动的体现

在不同状况下，表现的神情往往不同，一个人的神情，是他内心活动的体现。

江忠源第一次上门拜见曾国藩，谈话之后，曾国藩告诉身边的人："这个人将来必定名扬天下，但因气节太强烈而不得善终。"十多年后，江忠源果然以战功名扬天下，而在庐州与太平军发生交战时，由于弹尽粮绝而以身殉难。这应验了曾国藩的话是正确的。

又一次，在淮军刚刚建立时，李鸿章带领三个人来拜见曾国藩，正好曾国藩饭后散步回来，李鸿章准备请他接见一下那三个人，曾国藩摆摆手，说不必再见了。李鸿章奇怪地询问为什么，曾国藩说："那个进门后一直没有抬起头来的人，性格谨慎、心地厚道、稳重，将来可做吏部官员；那个表面上恭恭敬敬，却四处张望，左顾右盼的人，是个阳奉阴违的小人，不能重用；那个始终怒目而视，精神抖擞的人，是个义士，可以重用，将来的功名不在你我之下。"那个怒目而视、精神抖擞的人，即后来成为淮军名将的刘铭传。

这两个例子足见曾国藩识人之术的高明。曾国藩识人，重视几句口诀："邪正看眼鼻，真假看嘴唇，功名看器宇，事业看精神，志量看神采，风波看脚跟，如若看条理，全在言语中。"曾国藩又简单地将人分成四等：一等人为长方昂，二等人为稳谨称，三等人为材昏庸，四等人为动忿逐。

曾国藩识人，目的都是为了选贤任能，为了发现人才，重用人才，他识人时摒弃了江湖上那种重形轻神、重奇轻常、重术轻理的习俗。他的识人专著《冰鉴》则是重神而兼顾形，重常而辨别奇，重理而指导术，从整体出发，就相论人，就神论人，从静态中把握人的本质，从动态中观察人的归宿。讲究均衡与对称，相称与相合，中和与适度，和谐与协调，主次与取舍，等等。《冰鉴》道出了人的神情之别，对领导识人之性情有很大帮助。如：一个人的精神状态，主要集中在他的眼睛里；一个人的骨骼丰俊，主要集中在他的面孔上，像工人、农民、商人、军士等各类人员，既要看他们的内在精神状态，又要考察他们的体势情态。

作为以文为主的读书人，主要看他们的精神状态和骨骼丰俊与否。精神和骨骼就像两扇大门，命运就像深藏于内心的各种宝藏物品，察看人们的精神和骨骼，就相当于去打开两扇大门。门打开之后，自然可以发现里面的宝藏物品，而测知人的气质了。所以，两扇大门——精神和骨骼，是识人的第一要诀。

古之医家、文人、养生者在研究、观察人的"神"时，都把"神"分为清纯与浑浊两种类型。"神"的清纯与浑浊是比较容易区别的，但清纯又有奸邪与忠直之分，奸邪与忠直则不容易分辨。要考察一个人是奸邪还是忠直，应先看他处于动静两种状态下的表现。眼睛处于静态之时，目光安详沉稳而又有神光，真情深蕴，宛如两颗晶亮的明珠，含丽不露；处于动态之中，眼中精光闪烁，敏锐犀利，就如春木抽出的新芽。双眼处于静态之时，目光清明沉稳，旁若无人；处于动态之时，目光暗藏杀机，锋芒外露，宛如瞄准目标，一发中的，待弦而发。以上两种神情，澄明清澈，属于纯正的神情。两眼处于静态的时候，目光有如萤虫之光，微弱闪烁不定；处于动态的时候，目光有如流动之水，虽然澄清却游移不定。以上两种目光，一是善于伪饰的神情，一是奸心内萌的神情。两眼处于静态的时候，目光似睡非睡，似醒非醒；处于动态的时候，目光总是像惊鹿一样惶惶不安。

以上两种目光，一则是有智有能而不循正道的神情，一则是深谋图巧而又怕别人窥见他的内心的神情。具有前两种神情者多是有瑕疵之辈，具有后两种神情者则是含而不发之人，都属于奸邪神情。可是它们都混杂在清纯的神情之中，这是观神时必须仔细加以辨别的。

通常观察识别人的精神状态，那种只是在一旁故作振作者，是比较容易识别的，而那种看起来似乎是在一旁故作抖擞，又可能是真的精神振作，则就比较难于识别了。精神不足，即使它是故作振作并表现于外，但不足的特征是掩盖不了的。而精神有余，则是由于它是自然流露并蕴含于内。道家有所谓"收拾入门"（去掉杂念，以静制动）之说，用于观"神"，要领是尚未收拾入门，要着重看人的轻慢不拘；已经收拾入门，则要着重看人的精细周密。对于小心谨慎的人，要从尚未收拾入门的时候去认识他，这样就可以发现，他愈是小心谨慎，他的举动就愈是不精细，欠周密，总好像漫不经心，这种精神状态，就是所谓的轻慢不拘；对于率直豪放的人，要从已经收拾入门的时候去认识他，这样就可以发现，他愈是率直豪放，他的举动就愈是慎重周密，做什么都一丝不苟，这种精神状态，大都存在于内心世界，但是它们只要稍微向外流露一点，立刻就会变为情态，而情态则是比较容易看到的。

在观察人的精神状态时，要由外在的情态举止，去探察其隐伏在内的精神气质，尽量看到他的心灵深处真实的活动。

5.眼睛里有"秘密"

在人的一生中，应用得最出色的要数"目光语"了。更多的时候，人的眼睛和嘴巴所"说"的话一样，我们也能从别人的眼睛中大致看出其想要表达的内容。因为，眼睛乃"五官之王"。人要传达的信息，有一部分是通过眼睛传达的，尤其是情感方面的内容。人的精神气质，喜怒哀乐，很大程度上是由眼睛所显示出来的，眉目传情、暗送秋波及眼睛是心灵的窗户，说的就是这个意思。同时，眼睛又是人的身体健康状况的显示屏。眼睛黑白分明，神清气爽，是健康之象；灰暗浑浊，枯涩呆滞，是不健康之象；顾盼无光，昏花恍惚，是衰弱之象。正因为眼睛对于面孔如此的重要，所以说"目者面之渊，不深则不清"，渊要深才清，清才美。目也应该深，从而至清并至美，否则，便不会清，也不会美。

泰戈尔说得好：任何人"一旦学会了眼睛的语言，表情的变化将是无穷尽的"。

有时，眼睛似乎也会说话，一个人的内心活动，经常会反映到他的眼睛里，心之所想，透过眼睛就能看出其中的大概，每个人都很难利用眼睛隐瞒事实。

孟子在《离娄上篇》中有一段用眼睛判断人心善恶的论述："存乎人者，莫良于眸子。眸子不能掩其恶。胸中正，则眸子瞭焉；胸中不正，则眸子眊焉。"

眼神的清浊，对于识人而言，至关重要。古人通过不断的研究和观察，把眼神区别为清与浊两种，清与浊是比较容易区别的，但邪与正却不容易区分，因为邪与正都是托身于清之中的。考察一个人眼神的邪、正，要从动、静两种状态入手。

眼睛处于安静状态时，目光安详沉稳而有光，宛如晶莹玉亮的明珠，含而不露；处于运动观物状态时，眼中光华生辉，精气闪动，犹如春水之荡清波。或者眼睛处于安静状态时，目光清莹明澄，静若无人；处于运动状态时，锋芒内蕴，精光闪射，犹如飞射而出的箭，直中靶心。以上两种表现，澄澈明亮，一清到底，属神正的状态。

眼睛处于安静状态时，目光像萤火虫的光，一点柔弱却又闪烁不定；处于运动状态时，目光又像流动的水，虽然清澈，但游移不定，没有归宿。以上两种目光，一种属于奸巧和伪善的神情，一种属于奸心内萌的神情。处于安静状态时，眼睛似睡非睡，似醒非醒；处于运动状态时，又像受惊吓的鹿，总是惶恐不安的样子。以上两种神态，一是聪明而不行正道的表现，一是深谋内藏、又怕别人窥探的表现。前一组神情多是品德欠高尚、行为欠端正的表现，后一组神情多是奸心内萌、深藏不露的表现。这两种状态都属于奸邪神情，由于二者都混迹在清莹之中，因此必须仔细、正确地区分。

观察一个人的"眼神"，是辨别他忠奸的一个途径。"眼神"正，其人大致正直，"眼神"邪其人大致奸邪。诸葛亮就是一个通过眼神识别人物的高手。

当时，曹操派刺客去见刘备，刺客见到刘备之后，并没有立即下手，并且与刘备讨论削弱魏国的策略，他的分析，极合刘备的意思。

不久之后，诸葛亮进来，刺客很心虚，便托词上厕所。

刘备对诸葛亮说："刚才得到一位奇士，可以帮助我们攻打曹操的势力。"

诸葛亮却慢慢地叹道："此人见我一到，神情畏惧，视线低而时时露忤逆之意，奸邪之形完全泄漏出来，他一定是个刺客。"

于是，刘备连忙派人追出去，刺客已经跳墙逃去了。在瞬息之间，透过眼神的变化，看出一个人的目的和动机，固然需要先天的智慧，但更多的是靠后天的努力，因为这种智慧是在环境中磨炼和培养出来的。诸葛亮能够看透此人，主要是从他的眼神闪烁不定中发现破绽的。而生活中，常有那些仪表不俗，举止轩昂却又不实之辈，要想一眼识破这种人，可能就比较困难了，王莽就是这种类型的人。

王莽这个人在历史上的名声并不太好，但就他本人的才能而言，在当时也算得上是一个极其难得的人才。如果他不篡取王位，不显露本性，仍像未夺得朝政大权之前那样勤奋忠心地工作，俭朴地生活，说不定会成为一个流芳百世的周公式的人物。

新升任司空的彭宣看到王莽之后，悄悄对大儿子说："王莽神清而朗，气很足，但是眼神中带有邪狭的味道，专权后可能要坏事。我又不肯附庸他，这官不做也罢。"于是上书，称自己"昏乱遗忘，乞骸骨归乡里"。从眼神上来分析，"神清而朗"，指人聪明俊逸，不会是一般的人；眼神有邪狭之色，说明为人不正，心中藏着奸诈意图。

对于目光如流动的水的人，虽然从眼神看到澄清，但却有游移不定的神色，大多见于奸人，这是有一定事实依据的。这并不难以理解，因为每一个人，不管自觉或不自觉，他的眼神往往是他的灵魂的忠实解释者，正如《简·爱》中写道："灵魂在眼睛中有一个解释者——时常是无意的，但却是忠实的解释者。"

6.走路的腿会对你"说"

在泄露人的心理活动这一方面，脚部是全身最诚实的部位。可惜很多人都顾不上或不注意观察这个部位，对这方面的知识也缺乏了解。如循规蹈矩的人的走路姿态，与积极上进的人的走路姿态绝对是大相径庭的。这种分析具有一定的准确性和科学性，我们要学会通过观察他人的走路姿态，从中找出他们的真实性格。

（1）走路沉稳的人务实。有的人走路从来都是不慌不忙的，哪怕遇到了最重要、最紧急的事。这种人办事历来求稳，无论做什么事情都要"三思而后行"。这样的人比较讲究信义，比较务实，一般来说，工作效率很高，说到做到。

（2）走路前倾的人谦虚。有的人走路总是习惯上体前倾，而不是昂头挺胸。这种人的性格比较内向和温和，为人比较谦虚，一般不会张扬，很注意严格要求自己，很有修养。

（3）走路低头的人沮丧。有的人走路的时候总是拖着步子，把两只手插进衣袋里，头常常低着，"只埋头拉车，不抬头看路"，不知道自己最终要去哪里。

（4）走路两手叉腰的人急躁。有的人走路两手叉腰，上体前倾，就像一个短跑运动员。他们可能是一个急性子，总希望在最短的时间之内走完急需走完的路程。

（5）高抬下巴走路的人傲慢。有的人走路的时候，下巴高高地抬起，手臂很夸张地来回摆动，腿走起来也显得比较僵硬。他们的步子常常是那样的稳重而迟缓，好像刻意要在别人的心目中留下深刻的印象。

这种人很傲慢，被人们称为"墨索里尼式"步态。如果不想与这样的人对抗，在他们的面前最好表现得谦虚一点。

（6）喜欢踱步的人善于思考。有这种姿态的人很可能正在积极地思考。但是旁人可能对踱步者讲话，因而可能使他思绪中断，并且干扰到他正想做的决定。多数成功的推销员了解：要让踱步的顾客单独思考是否决定购买自己所推销的商品，不要去打扰他，这点是很重要的。他想要问问题时，他们会让自己停止踱步思考。

（7）漫步的人外向，端步的人内向。有的人走路总是不正规，就像玩儿似的，一点也不规范。这种人与上一种人正好相反。他们属于外向型的人，对周围的一切事情都感兴趣。这样的人对什么事情都不会很认真，可以接受各种各样的意见。人们称之为曲线型的人。

有的人走路头几乎不动，笔直地往前走去。这样的人关心自己超过关心别人，很少注意目的地之外的人和事。这样的人是内向型的人，主观意识很强，处理问题很少有弹性。他们被称为直线型的人。

（8）多数背着手走路的人有优裕感。有些人走路的时候昂首挺胸，双手背在身后，给人一种很有优裕感、有胆量的印象。有大量的现象表明，具有这种动作的人，往往是比较有地位和权势的人。政府要员、高级军官、学校校长、公司董事长等，这些人常常以这样的姿势出现在公共场所。研究认为，这是一种非常自信、比较狂妄的姿势。

把手背到身后，不仅可以产生一种权威的效果，还可以给自己一种"镇静"的作用。如果一个人感到焦躁不安的时候，把手背到身后可以在一定程度上减少这种紧张情绪。

心理学家研究发现，把手背在身后可以使人感到比较坦然，碰到事情不会紧张，自己仿佛有了一种胆量和权威。

背手壮胆的方法在学生当中比较流行。譬如老师叫学生到讲台前去背书，学生往往会不由自主地把手一背走向前去。很多资料证明，这种方法的确是一种比较好的镇静剂，很多人因此变得自然起来。

研究发现，在享有同等地位的人们里面，那些经常背着手、挺着胸的人的确有一种唯我独尊、自以为是的心态。与这样的人进行交流，如果不注意方式方法，很难与他们和平共处。

7.识别说谎者的假动作

说谎者总有一些动作或手势能表现出他（她）正在说谎话，这样的动作通常有以下几点：

（1）揉眼睛。人们在说谎时，往往会去揉眼睛以避免与人的目光接触。古语云："非礼勿视"，这种姿势表示大脑想遮住眼睛所看到的欺骗、怀疑的事物，或者是在说谎时，避免正视对方的脸。

男人通常揉得比较用力，而且如果是明显的撒谎，还常常会把眼睛往别处看，通常是看地板。女人则是在眼下方轻轻地揉，为了避免对方的注视，她们常会眼睛看着天花板。

（2）触摸鼻子。当一个人说谎后，会有一种不好的想法进入大脑，于是往往会下意识地指示手去遮捂嘴，但是又害怕别人看出他在说谎。因此，说谎者往往很快地在鼻子上摸一下，然后马上就把手放下来。一个人没有说谎的人在触摸鼻子时，一般是要用手在鼻子上摩擦一会儿，或搔抓一下，而不是只轻轻触一下。

古人曾流传下来这样一句话："鼻子直通大脑。"认为鼻子是一种传达信号的工具。人在说谎时，鼻子的神经末梢被刺痛。摩擦鼻子是为了缓解这种感觉。总之，说话时有这种举动的人很值得怀疑。

（3）搓耳朵。搓耳朵的变化形式还包括拉耳朵，这种手势是小孩子双手掩耳动作在成人动作中的一种重现。搓耳的说谎者还会用手拉耳垂或将整个耳朵朝前弯曲在耳孔上，后一种手势也是听者表示厌烦的标志。

（4）掩嘴。用拇指触在面颊上，将手遮住嘴称作掩嘴，这是一种明显未成熟、还带孩子气的动作。也许说谎者大脑潜意识中使他不想说那些骗人的话，而导致了掩嘴这一动作。也有人用假装咳嗽来掩饰其捂嘴的动作，分散自己的注意力。如果一个同你谈话的人常伴有掩嘴的手势，说明他也许正在说谎话。若是在你讲话的过程中，对方（即听者）掩着嘴，也许说明听者觉得你说的话令他不满意。

有时，这种掩嘴的动作可能会出现不同的形式：用指尖轻轻触摸一下嘴唇，将手握成拳状，将嘴遮住。

（5）挠脖子。说谎者讲话时常用写字的那只手的食指挠耳垂下方部位。研究发现，说话时用手挠脖子表示怀疑或不肯定，在挠脖子的同时常会说："我不能肯定"之类的话。这证明他对自己的讲话缺乏足够的底气；做事的时候，他们用手挠脖子，表明他们对这件事缺乏信心。

有人在股票市场观察过这样一个女股民，在作出决定前的一分钟，一直不停地用手挠脖子。这足以证明在下决心之前，她的思想斗争是多么的激烈。

（6）拉衣领。专家研究发现，当一个人说谎时，往往会引起敏感的面部和颈部组织的刺痛感，因而说谎者往往用手来揉或搔抓。说谎的人感到对方怀疑他时，脖子甚至会冒汗，这时他会有意识地拉一拉衣领。

说谎者除了以上几种表现外，还有其他一些表现，如：平时沉默寡言的人突然变得口若悬河；不自觉地流露出惊恐的神态，但仍故作镇定；言词模棱两可，音调较高，似是而非；答非所问，或夸大其词；故意闪烁其词，口误较多；对你所怀疑的问题，过多地一味辩解，并装出很诚实的样子；精神恍惚不定，座位距你较远，目光与你接触较少，强作笑脸；对于你的讲话，点头同意的次数较少；等等。

8.坐姿细节知人心理

在日常生活中，人们就座时的样子千姿百态、不一而足。但是你知道吗？虽然每一种坐的姿势看似无意，可就是这貌似随意的坐姿里却隐藏着人的性格特征。一些善于观察和熟知心理学的人可以从坐姿探出一个人心理活动的规律。

（1）自信型的坐姿。这种人通常将左腿交叠在右腿上，双手交叉放在腿跟两侧。他们有较强的自信心，对于自己的见解深信不疑。如果他们与别人发生争论，可能他们并没有在意与别人争论的观点与内容。

他们大都天资聪颖，有理想，有行动，总是能想尽一切办法并尽自己的最大努力去实现自己的理想。虽然也有"胜不骄、败不馁"的品性，但当他们完全沉醉在幸福之中时，也会有些得意忘形。这种人很有才气，而且协调能力很强，在他们的生活圈子里，他们总是充当着领导的角色，而他们周围的人也都心甘情愿。

（2）温顺型的坐姿。温顺型的人坐着时喜欢将两腿和两脚跟紧紧地并拢，两手放于两膝盖上，端端正正。这种人一般性格内向，为人谦逊。他们惯于封闭自己的情感世界，哪怕与自己特别倾慕的爱人在一起，他们也不会说出甜言蜜语，更看不到一丝亲热的举动；对于感情奔放的人来说，实在是欲拒难舍，欲舍难离。

这种坐姿的人常常喜欢替别人着想，他们的很多朋友对此总是感动不已。正因为如此，他们虽然性格内向，但他们的朋友却不少，因为大家尊重他们的"为人"，在互助中很容易建立起深厚的友谊。

（3）古板型的坐姿。坐着时两腿及两脚跟并拢靠在一起，双手交叉放于大腿两侧的人为人古板而自傲，他们从不愿接受别人的意见，即使明知别人说的是对的，但他们仍然不肯低下自己高傲的脑袋。

他们明显地缺乏耐心，哪怕是只有十分钟的短会，他们也时常显得极度厌烦，甚至反感。

这种人凡事都想做得尽善尽美，干的却又是一些可望而不可即的事情。他们爱夸夸其谈，而缺少求实的精神，所以在事业上他们的成功率不高。虽然这种人为人执拗，不过他们大多富有想象力。说不定他们只是经常走错门路，如果他们在艺术领域里发挥自己的潜能，或许会做得更好。

（4）羞怯型的坐姿。把两膝盖并在一起、小腿随着脚跟分开成一个"八"字样、两手掌相对放于两膝盖中间的这种人大多特别害羞，多说一两句话就会脸红，他们最害怕的就是让他们出入社交场合。这类人感情非常细腻，但并不温柔，因此这种类型的人经常使人觉得莫名其妙。

这种人属于保守型人群的代表，他们的思想通常比较落伍，跟不上时代的步伐。在工作中他们习惯于用过去成功的经验作依据，因循守旧，故步自封，结果频繁地遇到挫折。不过他们对朋友的感情是相当真诚的，每当别人有求于他们的时候，只需打个电话，他们就肯定会效劳。

（5）坚毅型的坐姿。这类人喜欢将大腿分开，两脚跟并拢，两手习惯于放在肚脐部位。

这种人很有男子汉气概，有勇气，也有决断力。他们一旦考虑了某件事情，就会立即付诸行动。在爱情方面，他们一旦对某人产生好感，自然就会去积极主动地表明自己的意向；不过他们的独占欲望相当强，动不动就会干涉自己恋人的生活，时常遭到对方的讨厌。

他们敢于不断追求新生事物，也敢于承担社会责任。这类人当领导的权威来源于他们的气魄，其实很多人并不真心地尊重他们，只是受他们那种无形的力量威慑而已。从另一个角度来说，他们不会成为处理人际关系的"老手"。当他们遇到比较棘手的人际关系问题时，他们多半会不知所措。但是如果生活给他们带来什么压力的话，他们一定能够泰然处之。

（6）放荡型的坐姿。这种人坐着时常常将两腿分开距离较宽，两手没有固定的搁放处，这是一种开放的姿势。

这种人喜欢追求新奇，偶尔成为引导都市消费潮流的"先驱"。他们对于普通人做的事不会满足，总是想做一些其他人不能做的事，或者说他们喜欢标新立异更为确切。

（7）冷漠型的坐姿。这种人通常将右腿交叠在左腿上，两小腿靠拢，双手交叉放在腿上。

这种人看起来觉得非常和蔼可亲，似如菩萨，很容易让人接近。但事实却恰恰相反，别人找他谈话或办事，他往往会一副爱答不理的样子，让你不由得不反思"我是否花了眼？"你没有花眼，你的感觉很正确，他们不仅个性冷漠，而且性格中还有一种"狐狸作风"。对亲人、对朋友，他们总要向人炫耀他那自以为是的各种心计，以致周围的人不得不把他们打入心理不健全的一类人。

（8）悠闲型的坐姿。这种人半躺而坐，双手抱于脑后，一看就是一副怡然自得的样子。这种人性格随和，与任何人都相处得来，也善于控制自己的情绪，因此能得到大家的信赖。

他们的适应能力很强，对生活也充满朝气，干任何职业好像都能得心应手，加之他们的毅力也都不弱，往往都能达到某种程度的成功。这种人喜欢学习，但不是很求甚解，可能他们要求的仅是"学习"而已。

9.通过握手判断性格

握手，是现代社会中人与人交往一种较为普遍的礼节。虽然只是简单的一握，但这其中却也有很大的学问。有专家研究表明，握手可以反映出一个人的很多信息。通过握手的方式也可以观察出一个人的性格特征。

握手是一种礼节，握手是什么时候产生的呢？据说握手开始于人类仍然处于赤身裸体生活的阶段。在开始的时候，男人之间初次见面通常要用手来掩盖对方性器官表示友好。不久，这个动作逐渐演变为手与手之间的行为。所以对原始人来说，握手不仅表示问候，也是表示手中未持有任何武器，是一种信赖的保证，包含着契约、发誓的观念。

握手不仅仅是一种礼节，更主要的是在握手的一瞬间有可能识破对方的性格。从这个意义上说，握手不仅仅是一种礼貌行为，而且还是传达人际信息的重要方法，因此观察握手也是"察人"的重要途径。

（1）握手时的力量很大，甚至让对方有疼痛的感觉的人，多是逞强而又自负的。但这种握手的方式在一定程度上又说明了握手者的内心比较真诚。同时，他们的性格也是坦率而又坚强的。

（2）握手时显得不甚积极主动，手臂呈弯曲状态，并往自身贴近的人，多是小心谨慎、封闭保守的。

（3）握手时只是轻轻的一接触，握得不紧也没有力量的人，多属于内向型人，他们时常悲观，情绪低落。

（4）握手时显得迟疑，多是在对方伸出手以后，自己犹豫一会儿，才慢慢地把手递过去。排除掉一些特殊的情况以外，在握手时有这种表现的人，性格多内向，且缺少判断力，不够果断。

（5）不把握手当成表示友好的一种方式，而把它看成是例行的公事的人，表明此种人做事草率，缺乏足够的诚意，并不值得深交。

（6）虽然在与人接触时，把对方的手握得很紧，但只握一下就马上拿开的人，在与人交往中多能够很好地处理各种关系，与每个人都好像很友善，可以做到游刃有余。但这可能只是一种外在的假象，其实在内心里他们是非常多疑的，他们不会轻易地相信任何一个人，即使别人是非常真诚和友好的，他们也会加倍地提防、小心。

（7）在握手时，非常紧张，掌心有些潮湿的人，在外表上，他们的表现冷淡、漠然，非常平静，一副泰然自若的样子，但是他们的内心却是非常地不平静。只是他们懂得用各种方法，比如语言、姿势等来掩饰自己内心的不安，避免暴露一些缺点和弱点。他们看起来是一副非常坚强的样子，所以在他人眼里，他们就是一个强人。在比较危难的时候，人们可能会把他们当成是一个救星，但实际上，他们也非常慌乱，甚至比他人还要严重。

（8）握手时显得没有一点力气，好像只是为了应付一件不得不做的事情而被迫去做的。他们在大多数时候并不是十分坚强，甚至是很软弱的。他们做事缺乏果断、利落的干劲和魄力，而显得犹豫不决。他们希望自己能够引起他人的注意，可实际上，其他人往往在很短的时间内就会将他们忘记。

（9）把别人的手推回去的人，他们大多都有较强的自我防御心理。他们常常感到缺少安全感，所以时刻都在做着准备，在别人还没有出击，但有这方面倾向之前，自己先给予对方有力的回击，占据主动。他们不会轻易地让谁真正地了解自己，如果是这样，他们的不安全感会更加强烈。他们之所以这样，在很大程度上是由于自卑心理在作怪。他们不会去接近别人，也不会允许别人轻易接近自己。

（10）像虎头钳一样紧握着对方的手的人，在绝大多数时候都显得冷淡、漠然，有时甚至是残酷。他们希望自己能够征服别人、领导别人，但他们会巧妙地隐藏自己的这种想法，而是运用一些策略和技巧，在自然而然中达到自己的目的。

（11）用双手和别人握手的人，大多是相当热情的，有时甚至热情过了火，让人觉得无法接受。他们大多不习惯于受到某种约束和限制，而喜欢自由自在，按照自己的意愿生活。他们有反传统的叛逆性格，不太注重礼仪、社交等各方面的规矩。他们在很多时候是不太拘于小节的，只要能说得过去就可以了。

10.习惯动作显个性

有"心眼"的人在观人上，是不会放过习惯动作的。他明白一个人的习惯是在长时间的生活中形成的，而认识一个人，就不能不看这个人的习惯。一个人的所思所想和性格特征往往是从他的习惯动作体现出来的。

（1）手插裤兜者。双脚自然站立，双手插在裤兜里，时不时取出来又插进去，这种人的性格比较谨小慎微，凡事三思而后行。在工作中他们最缺乏灵活性，往往用呆办法来解决很多问题。他们对突如其来的失败或打击的心理承受能力差，在逆境中更多的是垂头丧气，怨天尤人。

（2）双手后背者。两脚并拢或自然站立，双手背在背后，这种人大多在感情上比较急躁，但他与人交往时，关系处得比较融洽，其中可能较大的原因是他们很少对别人说"不"。

（3）经常摇头者。经常"摇头"或"点头"以示自己对某件事情看法的肯定或否定。他们在社交场合很会表现自己，却时常遭到别人的厌恶，引起别人的不愉快。但是，经常摇头或点头的人，自我意识强烈，工作积极，看准了一件事情就会努力去做，不达目的誓不罢休。

（4）拍打头部者。拍打头部这个动作多数时候的意义是表示对整件事情突然有了新的认识，如果说刚才还陷入困境，现在则走出了迷雾，找到了处理事情的办法。拍打的部位如果是后脑勺表明这种人敬业，拍打脑部只是为了放松一下自己。时常拍打前额的人是个直肠子，有什么说什么，不怕得罪人。

（5）手部动作者。与人谈话时，只要他动嘴，一定会有一个手部动作，比如相互拍打掌心、摊开双手、摆动手指，等等，表示对他说话内容的强调。这种人做事果断、雷厉风行、自信心强，习惯于把自己在任何场合都塑造成"领袖"人物，性格大都属于外向型，很有一种男子汉的气派。

（6）言行不一者。当你给某人递烟或其他食物时，他嘴里说"不用""不要"，但手却伸过来接了，显得很客气的样子。这种人比较聪明，爱好广泛，处事圆滑、老练，不轻易得罪别人。

（7）触摸头发者。这种人通常个性突出，性格鲜明，爱憎分明，尤其疾恶如仇。他们经常做一些冒险的事情，喜欢挤眉弄眼，爱拿人当调侃对象。这些人当中有的缺乏内涵修养，但大多往往特别会处理人际关系，处事大方并善于捕捉机会。

（8）抖动腿脚者。喜欢用腿或脚尖使整个腿部颤动，有时候还用脚尖磕打脚尖或者以脚掌拍打地面者，往往很能自我欣赏，性格较保守，很少考虑别人。然而当朋友有困难时，他会经常给朋友提出一些意想不到的好的建议。

（9）手摸颈后者。当一个人习惯用手摸颈后时，是出现了恼恨或懊悔等负面情绪。这个姿势称为"防卫式的攻击姿态"，在遇到危险时，人们常常不由自主地用手护住脑后，在防卫式的攻击姿势中，他们的防卫是伪装，结果手没有放到脑后，而是放到了颈后。女人伸手向后，撩起头发，通常来掩饰自己恼恨的情绪，并装作毫不在意的样子。

（10）摊开双手者。大部分的人要表示真诚与公开的一个姿势，便是摊开双手。意大利人毫无约束地使用这种姿势，当他们受挫时，便将摊开的手放在胸前，做出"你要我怎么办"的姿态。他做的事情出现了坏的现象，别人提出来，而他摊开双手，表示他自己也没有办法解决，一副无可奈何的样子。有时耸肩的姿态也会随着摊开双手而来。演员常常用到这个姿势，他们不只是表现情绪，即使在说话前，也能显示出这个角色的开放个性。

（11）解开外衣纽扣者。这种人的内心真诚友善，他在陌生人面前表达这种思想时，最直接的动作便是解开外衣的纽扣，甚至脱掉外衣。在一个商业谈判会议上，当谈判对手开始脱掉外套，我们便可以知道双方正在谈论的某种协定有达成的可能；不管气温多么高，当一个商人觉得问题尚未解决，或尚未达成协议时，他是不会脱掉外套的。那些一会儿解开衣服纽扣，一会儿又系上衣服纽扣的人，做人较优柔寡断，意志不坚定，犹豫不决。

（12）用动作打拍子者。这有两种情形。一种情形是，谈话时，一个人以手在桌上叩击出单调的节奏，或者用笔杆敲打桌面，同时脚跟在地板上打拍子，或抖动脚，或用脚尖轻拍，这种节奏并不中途停止，而是不断地嗒嗒作响，这些都是在告诉你他已经对你所讲的话感到厌烦了。另外一种情形是，一个人在看书、读报、看电视，尤其是看球赛之类的时候突然拍案击节奏时，表示他对故事情节或运动员的某个动作表示赞赏。这种人性格乐观，对烦恼不记挂于心。

（13）双手叉腰者。这种人通常希望在最短的时间内达到自己的目标。这种人往往不飞则已，一飞冲天；不鸣则已，一鸣惊人。

11.待人处世显人心

从一个人的行事风格入手，可以看出他的做事风格，可以看出一个人是浮滑，还是以诚信为本。我们学会识人，不要被一个人的夸夸其谈所迷惑，也不要错过一个有才能的人。

为世人推崇的曾国藩的一套办事方法，其关键是要做到"五到"，即身到、心到、眼到、手到、口到。所谓身到，就是作为官吏对命案、盗案必须亲自勘验，并亲自到乡村巡视；作为将官就必须亲自巡视营地，亲自察看敌情。心到，就是凡事都要仔细分析事情的来龙去脉。起初时的条理，结束时的条理，分析它的头绪，又综合它的类别。眼到，就是要专心地观察人，认真地读公文。手到，就是对人的才能长短、事情的关键所在，勤做笔记，以防止遗忘。口到，就是在命令人做事时虽然已有公文，仍要苦口叮嘱。

以前的贤德之人在用人的时候，内举不避亲，外举不避仇，其心理的光明正大，足以成为百世的楷模。曾国藩推荐左宗棠、弹劾李次青，并不因为个人的恩怨而影响推荐和弹劾，一代名臣的宽广胸怀，自然千古不朽。

春秋时期，齐宣王问孟子："怎样去识别那些缺乏才能的人而舍弃他呢？"

孟子答道："国君选拔贤人，如果迫不得已要用新进，就要把卑贱者提拔到尊贵者之上，把疏远的人提拔在亲近的人之上，对这种事能不慎重吗？因此，左右亲近之人都说某人好，不可轻信；众位大夫都说某人好，也不可轻信；全国的人都说某人好，然后去了解；发现他真有才干，再任用他。左右亲近的人都说某人不好，不要听信；众位大夫都说某人不好，也不要听信；全国的人都说某人不好，然后去了解；发现他真不好，再罢免他。左右亲近的人都说某人可杀，不要听信；众位大夫都说某人可杀，也不要听信；全国的人都说某人可杀，然后去了解，发现他该杀，再杀他。这样，才可以做百姓的父母。"

孟子又说："虞国不用百里奚，因而灭亡；秦穆公用了百里奚，因而称霸。不用贤人就会招致灭亡，即使要求勉强存在，都是办不到的。"

韩非子对这一问题则有他独到的论述。他说："如果炼铜造剑时只看所掺的锡和火色，就是欧治子也不能断定剑的好坏；可是用这把剑在水中砍死鸿雁，在陆上斩断驹马，那么，就是仆隶也会知道它是一把钝剑还是锋利的剑了。如果只看马的牙齿和外形，就是伯乐也不能判断马的好坏；可是让马套上车，看看它快跑到终点时的模样，就是仆隶也不会不知道马的优劣了。如果只看一个人的相貌、服装，只听他说话论事，就是孔丘也不能肯定这个人能力怎么样，可是给他一个官职，看看他的工作成绩，就是普通人也不会不知道他是聪明还是愚蠢了。所以，一个明智君主所任用的官吏，宰相一定是从地方官中选拔上来的，猛将大多是从下层军官中挑选出来的。凡是有功劳的人必定给予奖赏，那么俸禄越优厚，他们越能勉励自己，不断地升官晋级，那么官级越高，他们越能尽力办事。用高官厚禄去勉励官吏把事情办好，这是建立强盛统一事业的有力措施。"

"凡是奸臣都想顺从君主的心意，来取得君主亲幸的权势。因此，君主所喜欢的东西，臣子就加以吹捧；君主所憎恶的东西，臣子就加以诋毁。人们的一般情况是，取舍相同的就互相肯定，取舍不同的就互相反对。现在臣子所赞美的东西，就是君主所肯定的东西，这就叫作相同的择取；臣子所诋毁的东西，就是君主所反对的东西，这就叫作相同的舍弃；择取、舍弃一致而相互对立的，还没有听说过。这就是臣子所用来取得信任和宠爱的途径。"

孟子与韩非子都从一个方面论述了如何选拔人才，可谓千古名论。

不过在识人方面，管仲无疑有他的独到之处。一次，齐桓公征询管仲对朝廷人事安排的意见，管仲说："升降、揖让、进退礼节的习俗，这方面我不如腺朋，请任命他做大行（司礼官）职位；开垦土地，聚集粮票，使地利完全发挥，这方面我不如宁戚，请让他担任司田（管理土地的官吏）；在平原战场上能让战车驰骋而不乱，战士勇往直前而不退却，擂鼓进军后，三军将士视死如归，这方面我不如王子城父，请授予他大司马（最高的军事将领）之职；审理刑事案件，能不杀无辜，不诬陷无罪之人，这方面我不如宾管胥无，请授予他大理（最高司法官员）之职；敢于冒犯君颜，忠言直谏，不怕砍头，不在富贵权势面前低头，这方面我不如东郭牙，请让他担任大谏（谏官）之职。君王要治国强兵，有此五人，就足够了。若想在诸侯中称王称霸，那还需要我管夷吾才行。"

听了管仲巧妙的自荐以后，下面我们列举一些历史上慧眼识才的著名例子，由此来反映能识人将会带来多大的好处。

"管鲍之交"历来被称为千古佳话，其中固然赞扬了管仲的治国才能，但更重要的则是赞扬了鲍叔牙的慧眼识才。

管仲年少时常与鲍叔牙往来，鲍叔牙知道他很有才能。管仲因为家贫，常常骗取鲍叔牙的财物，鲍叔牙却一直好好待他，不提这些事。后来鲍叔牙跟随齐国的公子小白，而管仲跟随了公子纠。等到小白立为齐国国君时，杀了公子纠，管仲也被囚禁起来。鲍叔牙于是向齐桓公推荐管仲。齐桓公重用管仲，让他执掌齐国之政。齐桓公之称霸，九次会合天下诸侯，匡扶天下正道，这都是用了管仲之谋。

管仲说："当初我贫穷时，曾与鲍叔牙一起做买卖，分财利时我常常多占，鲍叔牙却不以此认为我贪，因为他知道我家贫。我曾经为鲍叔牙谋事，结果却使他更窘迫，鲍叔牙不因此认为我这个人很愚蠢，因为他知道时机有时有利有时不利。我曾经几次出仕，却屡次被国君罢免，鲍叔牙不据此认为我无能，因为他知道我没有碰到好时机。我曾几次带兵打仗，即屡战屡败，鲍叔牙不因此以为我这个人胆小，因为他知道我家有老母需要供养。公子纠与小白争位失败后，召忽自杀，我被囚禁起来，忍受侮辱，鲍叔牙不因此认为我这个人不知羞耻，因为他知道我不以小事为耻，而只耻功名不显扬于天下。所以说，生我的是父母，而真正了解我的是鲍叔牙先生。"

鲍叔牙推荐管仲后，他的职位在管仲之下。他的子孙世代都在齐国享受俸禄，其中有封邑的有十多代，子孙中有许多人都成为有名的大夫。相比之下，天下人很少称道管仲之才能而常常称道鲍叔牙有知人之明。

第五章 交际应酬进退之道：
在人脉网中做个太极高手

　　交际应酬是世上最难以解说的事情，但它又常常缠绕人心，令人欲罢不能。应酬之术是生存之本，是做人做事的一种技巧，一种方法，是做事先下手为强的胆识，是抓住机会的眼光，是把你推向成功的"助力器"。

1.给对方留下良好第一印象

在人与人的交往中，我们常常会说或者会听到这样的话："我从第一次见到他，就喜欢上了他。""我永远忘不了他留给我的第一印象。""我不喜欢他，也许是留给我的第一印象太糟了。""从对方敲门入室，到坐在我面前的椅子上，短短的时间内，我就大致知道他是否合格。"

这些话说明了什么？说明大多数的人都是以第一印象来判断、评价一个人的。

对方喜欢你，可能是因为你留给他的第一印象很好；对方讨厌你，可能是你留给他的第一印象太糟。这就是所谓的首因效应。首因效应，也叫作"第一印象效应"，是指最初接触到的信息所形成的印象对我们以后的行为活动和评价的影响。通常，人在初次交往中给对方留下的印象很深刻，人们会自觉地依据第一印象去评价某人或某物，今后与人、物打交道的过程中的印象都被用来验证第一印象。

如何才能给对方留下良好的第一印象呢？

心理学家研究表明，服装对人心理有着重要的影响。服饰是否有魅力直接关系到个人良好形象与威信的确立与否。

一个人的服饰对于自身形象的塑造、传播就是这般重要。一般都可以这样说，没有得体的服饰，就没有自身良好的形象。

每一个向往获得成功、渴望赢得尊敬的人都重视衣着。"什么样的衣着决定什么样的性格。"穿戴整洁的意识形成优雅从容的风度，而衣衫褴褛、衣冠不整使人感觉龌龊、猥琐和局促不安，缺乏尊严和庄重感。我们的衣着会影响我们的情绪和自我感觉，任何有这种体会的人都知道这一点——谁又没有过这种体会呢？穿着合身的新衣，让人精神焕发，春光满面。别扭、肮脏的衣服有损人的精神状态和风度。

一位企业家这样说道："在商界，企业家最初的合作看什么？其实很大的成分看衣着。有一次，我想开发一种新的产品，一位朋友给我介绍了一个合作伙伴。见面的那天，他穿着西装，里面没穿衬衣，只穿了一件圆领衫，手里拿着一个手机。"

"我当时看着就很别扭。你想想，西装是多正式的着装，他穿了件圆领衫来配。还拿着个手机。典型的暴发户形象，我当时就决定，不与他合作。后来，朋友说，他真的很有钱，而你正缺钱。我说，我缺钱不假，可是合作伙伴这个人才是重要的。他出钱，他就要参与、要管理、要与我共同决策，他的水平直接影响到我的生意，所以我不选择他。"

莎士比亚说："衣装是人的门面"，这一说法得到了众多人的认同。许多人经常因为他们不得体的穿着而备受指责。初看起来，仅凭衣着去判断一个人似乎肤浅轻率了些。但经验一再证明：衣着的确是衡量穿衣人的品位和自尊感的一个标准。渴望成功的有志者应该像选择伴侣一样谨慎地选择衣装。古谚云："我根据你的伴侣就能判断你是什么样的人。"某个哲学家也说过一句精妙的话："让我看看一个妇女一生所穿的所有衣服，我就能写出一部关于她的传记。"

无论如何，衣着得体都是有益无害的。穿着合身衣服的感觉令人精神振奋。不管你的自制力有多强，你都会受到周围环境的影响。如果你衣衫不整、不修边幅、房间凌乱、随随便便，那么你的思想也许也会一路下滑，随之松弛懈怠，变得像你的身体一样邋遢凌乱，缺乏生气。当你忧心忡忡、身体不适、无心工作的时候，如果你能去洗一个热水澡——或是进行一次桑拿浴，然后换上一身新衣服，那么你就会有脱胎换骨的感觉。在你穿完衣服之前，你的忧伤和病恹恹的情绪十有八九会消失得无影无踪，你的精神面貌也自然会焕然一新。

形象，并不是一个简单的穿衣和外表长相的概念，而是一个综合全面素质，外表与内在结合的印象。

站立、步行、端坐，虽然都是单纯的动作，但是其重要性却比舞艺高超来得大。能站得直，走得雄伟，又能坐得端正的人并不多见。这些人往往能给人留下良好的印象。

标准的坐姿是要由愉快的心情支撑的，由外观之，这种姿势并非使尽全力，而是轻松地坐下来，不是采取身体僵硬不动的姿势，而是非常自然的动作。若是不能做到上述动作，应该尽可能练习，以达到接近标准的动作，因为这对于我们很重要。

在现实生活中，自觉地利用首因效应可以帮助我们顺利地进行人际交往。

一生中，我们会遇到很多重要的第一次，也就会有很多需要重视的第一印象。比如求职，第一次去见面试官；求人办事，第一次登门拜访；参加工作，第一次见单位同事；找对象，第一次与对方约会……这些第一次都很重要。从小的方面来看，关系到求职能否成功、事情能否办成；从大的方面来看，关系到事业能否如愿，婚姻能否美满。

在现实交往中，务必在"慎初"上下功夫，力争给对方留下好的第一印象。

2.收敛锋芒，韬光养晦

老子曾经说过"良贾深藏若虚，君子盛德，容貌若愚。"即善于做生意的人，总是隐藏其宝货，不叫人轻易看见；君子之人，品德高尚，容貌却显得愚笨拙劣。因此告诫世人，做人不可锋芒毕露。真正的大智大勇者，智勇都是内在的，未必要刻意张扬。在待人处世的时候，切不能出风头，更不可以"我比你强"的态度来对待别人。谦虚内敛，深藏锋芒，才是待人处世的良策之一。

乾隆年间，纪晓岚以过人的才智闻名于全国，深得皇上赏识。有一天，乾隆宴请大臣。大臣们吃得很开心，饮得也很畅快。乾隆皇帝诗兴大发，他给出了上联："玉帝行兵，风刀雨箭云旗雷鼓天为阵。"

乾隆皇帝要求百官对下联，竟然没人能对得上。乾隆皇帝这下更来兴致了，他想显示一下自己的才华，便点名要纪晓岚答对，想让这位大才子出丑。不料，纪晓岚却把下联对上来了："龙王设宴，日灯月烛山肴海酒地当盘。"话音刚落，群臣赞叹。

乾隆皇帝听后，却不高兴了。他面有怒色，沉吟不语。大家颇为纳闷。纪晓岚当然明白是自己得罪了皇上，便接着说："圣上为天子，所以风、雨、云、雷都归您调遣，威震天下；小臣酒囊饭袋，所以希望连日、月、山、海都能在酒席之中。可见，圣上是好大神威，而小臣我只不过是好大肚皮而已。"乾隆一听，立即笑逐颜开，连忙表扬纪晓岚，说："饭量虽好，但若无胸藏万卷之书，又哪有这么大的肚皮。"

乾隆皇帝出的上联显示了一代帝王的豪迈气概，不料纪晓岚下联一出，十分工整，显不出乾隆上联的才气。乾隆一听，自然不快。幸好，纪晓岚及时发现并为自己开脱，有意抬高乾隆皇帝，贬低自己。自然，君臣一唱一和，大家都高兴。

《菜根谭》中有句话说得好："君子之才华，玉蕴珠藏，不可使人易知。"意思是说：一个修养高深的人，应该将自己的才学像珍珠一样珍藏起来，不让别人轻易获知。又说："聪明人宜敛藏，而反炫耀，是聪明而愚懵其病矣！如何不败？"意思是说：一个才华出众、韬略超人的人，是应该保持谦虚有礼的态度，可是很多人往往夸耀自己的本领是何等高强，这种人表面看起来很聪明，其实他的言行已经体现出自己的素质缺乏，所以这样人的事业是很难成功的。

三国时期的杨修就是一个因为恃才傲物而招致大祸的人。杨修在曹操身边任行军主簿，他才华超群、知识渊博，但他总喜欢在别人面前出风头。有一次，曹操让工匠修建了一座花园，花园修成后，曹操亲自去检查，他看过后在门上写了一个"活"字，就离开了。手下人不解其意。杨修对他们说："门内加一个'活'字，乃是一个'阔'字，丞相嫌门太宽。"于是手下人赶快重新动手，将门改小，又请曹操去看。曹操一看，甚是喜悦，他问道："是谁猜透了我的心意？"手下人据实相报，曹操嘴上对杨修夸奖一番，而心里却是满怀嫉妒。

曹操疑心颇大，嫉妒心也很强，非常憎恨才华颇深、恃才傲物的人，所以总想伺机除掉杨修。后来，曹操率军与蜀军在汉中交战，被蜀军逼到斜谷据守。曹操想再次进攻，被蜀军死守，想要撤退，却又恐怕诸葛亮耻笑，一时间进退两难，心生烦闷之情。吃晚饭时，曹操看到碗中有块鸡肋，顿时颇有感触。正当他看着鸡肋沉吟的时候，夏侯惇进帐请示夜间口令，曹操随口说道："鸡肋！鸡肋！"夏侯惇告诉众将士，夜晚的口号是"鸡肋"。

杨修知道这件事情后，就命令随行人员做好撤军准备。他言道："从今夜的口号，就可以推断丞相明天有退兵之意。鸡肋，鸡肋，食之无味，弃之可惜。如今进退两难，在这里据守没有益处，倒不如早日班师。所以明日丞相必定颁布撤军令。既然如此，咱们不如早做准备，免得明日惊惶失措。"杨修传下令后，全军士兵匆忙收拾行李，准备第二天撤军。

曹操闻听，勃然大怒，他怒斥杨修："你竟敢胡言乱语，乱我军心，简直是胆大包天！"于是下令将杨修推出斩首。

机智聪明的杨修之所以丢掉性命，除了曹操性格多疑之外，更因为他自己恃才傲物，不会适度收敛锋芒。如果不露锋芒，可能永远得不到重用。可是，锋芒太露又易招人陷害。虽然取得了暂时的成功，却为自己掘好了坟墓。虽然施展了自己的才华，却也埋下了危机的种子。所以，当你在工作上有特别表现而受到肯定时，千万记得不要锋芒毕露，否则这份锋芒会为你带来人际关系上的危机。

人们都愿意和一些稳重谨慎的人相处。因此，在与别人相处的时候，要甘当"绿叶"。遇事谦恭为上，切忌争强好胜、事事张扬。锋芒毕露的人，往往会给人一种浮躁、偏激、年轻气盛和缺乏修养的印象。收敛锋芒，韬光养晦，会为你留下一定的周旋余地。

3.把握分寸，少说慎言

说话比做文章、读文章难。做文章，可以细细推敲，再三修正；读文章，可以细细体味，详加研究。说话则不然，一言既出，驷马难追，所以在与人对话时，应该特别留神。

世界上没有十全十美的人，随随便便说别人的短处，轻轻松松揭别人的隐私，不仅有碍别人的声望，且足以表示你为人的卑鄙。当你听到流言蜚语时，唯一的办法是听完即止，不做传声筒，不记挂于心，不向外传播。首先你要明白，你所知道关于别人的事情不见得可靠，也许另外还有许多苦衷并非是你所能明白的。你若贸然把你所听到的片面之言宣扬出去，难免会颠倒是非，混淆黑白。而"覆水难收"，事后当你完全明白真相时，你将很难收场。

会说话，就是在恰当的时间、恰当的地点说了恰当的话，也就是把话说对时间、说对地点、说到点子上，又能把直话说圆，说得头头是道，妙语连珠，使人人爱听，个个喜欢。

在职场，有些人喜欢公开发表意见，口无遮拦。下面例子中的陈刚就是这样的人，凡事总喜欢抢着说出自己的看法。

一次，主管召集质检部全体人员开会，分析头一天客户退货的原因。那批货出厂前是李浩检验的，这相当于是开李浩的"批斗会"。

主管说："这次事故的责任人已经查清了。生产人员看错了图纸，我们部的李浩最后把关不严，才造成了这次事故。"他接着让大家就这次事故发表意见：原因出在哪里，该怎样弥补。

大大咧咧的陈刚第一个站起来，不假思索地说："我认为，如果李浩严格把关，就不会出现这样的事情。这事李浩应负一定的责任。作为质检人员，他缺乏高度的责任心……"他甚至还把李浩以前的一些错误一起夹带进来进行了一番批评。

本来就很懊恼的李浩此时听陈刚这么一通批评，更加不自在。李浩充满敌意地瞪了陈刚一眼，似乎嫌陈刚的话太多了。

就连同事们都觉得陈刚的话过多，既不分场合，也不顾别人心里是否好受。再说李浩也不是有意的，难道还用得着你在这里大讲而特讲？接下来的讨论，大家都是针对工作上的问题，把陈刚的话题岔开了。

在后来的工作中，李浩经常对陈刚的工作吹毛求疵，抓住一点问题就不放过，跟同事宣扬一番再告到主管那里，搞得陈刚很被动。有时，李浩甚至还直接告到老板那里，久而久之，老板对陈刚的工作能力产生了怀疑。

李浩总是与陈刚过不去，陈刚感到在公司待不下去了，只好伤心地离开了。

在公司里，公开对某人发表意见向来是个雷区，一不小心就会触雷。如果自己没有一个更好的建议或解决方法，切勿胡乱指责别人，否则不但会树敌，还会令老板对你的印象变差。身在职场，适时的沉默是必须的。保持适度的沉默是远离是非的最佳方式。

在某些场合，沉默不语可以避免失言。许多人在缺乏自信或极力表现得礼貌时，可能会不假思索地说出不恰当的话，并给自己带来麻烦。例如你对事物的态度，你对事态发展的看法，你今后的打算，等等，都会从言语中流露出来，并被你的对手所了解，从而制订出相应的策略来战胜你。而且，你的话多了，其中自然会涉及其他人。由于所处的环境不同，人的心理感受不同，而同一句话由于地点不同、语气不同，所表达的情感也不尽相同，别人在传话的过程中也难免会加入他个人的主观理解，等到你谈的内容被你谈话中所涉及的对象听到时，可能已经大相径庭，往往会造成误解、隔阂，进而形成仇恨。

尽量不说话不仅能确保安全，而且还能给人留下持重的印象。当然，尽量不说话是指在可以说可以不说的情况下，尤其是与自己没有关系的事情，否则，不说话也是不可取的。

在不得不说的情况下，尽量少说，不夸夸其谈，不乱讲滥说，不信口雌黄，不妄发议论，这也是确保安全的一种方法。言多必失，多言多失，少言少失，不言不失。所以，在不得不说，非说不可的时候，还是要保持"少说为佳"的态度。

　　某公司准备提拔一名年轻人做办公室主任，张立和另一位同事都是候选人。他们俩实力不相上下，而且两人私交也很好。

　　有一天，经理把张立叫进办公室，告诉他公司初步决定由他来接任办公室主任。张立很开心，前一阵为升职一事焦虑万分的他，现在感觉压在心里的一块石头终于落下来了。

　　心情极好的张立那天好像特别健谈，从公司的近忧到公司的远景，谈得头头是道。经理听得连连点头。

　　不知不觉，张立竟然聊到了与他同为候选人的那位同事，张立说起一些那位同事闹的笑话，以及一些对那位同事不利的事。

　　几天之后，正式任命下来了。让张立大跌眼镜的是，主任并不是他，而是与他同为候选人的那位同事。经理语重心长地对他说了句："年轻人，沉默是金啊。"后来，张立了解到，和他谈过话后，经理又和那位同事谈了话，委婉地提及张立可能出任主任，希望他能够支持张立的工作。同事对张立的评价非常中肯，也正是这一点让经理最后舍张立而取那位同事了。

　　适时的沉默体现着一个人的修养，显示着一个人的容人之量。张立的多言让经理看到了他的浮躁和轻狂，也让经理觉得他的人品好像还差那么一点点，因此在最后，经理改变了主意。

　　在当今社会中，人人都有发表意见的权利，遇到该提出自己的看法时却不言不语，只是默默放弃自己的权利，这并非聪明之举。慎言能帮助你能在说话时三思，但并非完全不说话，即使是想保护自己，发表意见时避免招致难堪，也该有一番说话智慧。该说的时候不说，不该说的时候又说一大堆，都不是好的说话方法。所以，一句在适当时机、对适当对象所说的好话，都是靠日积月累的经验练就而成的。只有不断磨炼，说话的智慧才会高人一等。要记住，先学会少说话，说话前要三思，谨言慎行，这才是学习把话说好的三个主要步骤。

　　另外，人处在不同的状态下，讲话的心情不同，话的内容也会不同。心情愉快的时候，看事、看人也许比较符合自己的心思，故而赞誉之言可能会多一些，心情不愉快，讲起话来则不免愤世嫉俗，讲出许多过头的话，招来很多麻烦。

俗话说"病从口入，祸从口出"，这句话确实有一定的道理。大多的灾祸是从自己的言谈中招来的，因而慎言少祸。

说话能把握分寸，说得恰到好处，是一种成功做人的方法，既不能喋喋不休、口若悬河，又不能该说话时却沉默寡言。可见，言谈能反映出一个人为人处世的涵养工夫，要把握好分寸和态势，做到闭口深藏舌。

4.抬头不如低头，高调不如低调

民间有句非常贴切的谚语："低头是稻穗，昂头是稗子。"越成熟，越饱满的稻穗，头垂得越低。只有那些穗子里空空如野的稗子，才会显得招摇，始终把头抬得老高。

富兰克林年轻时，去一位老前辈的家中做客，昂首挺胸走进一座低矮的小屋，一进门，"嘭"的一声，他的额头撞在门框上，青肿了一大块。老前辈笑着出来迎接说："很痛吧？你知道吗？这是你今天来拜访我最大的收获。一个人要想洞明世事，练达人情，就必须时刻记住低头。"

当今社会，与人相处，只要稍有点处理不当，就会招致不少麻烦。轻则，工作不愉快；重则，影响职业生涯。因此，与人相处，关键的一点是要学会低调。

为人过于直率，不知隐藏，激情冲动往往是幼稚、肤浅所致，我们应要求自己做到不管是在顺境还是在逆境时，都能以稳重、低调的态度对待。

"得意时不要太张扬，失意时不要太悲伤。"爱因斯坦由于创立了相对论而声名大振。有一次，他9岁的小儿子问他："爸爸，你怎么变得那么出名？你到底做了什么呀！"爱因斯坦说："当一只瞎眼甲虫在一根弯曲的树枝上爬行的时候，它看不见树枝是弯的。我碰巧看出了那甲虫所没有看到的事情。"

一个人在得意时越是夸耀自己，别人越会回避你，越会在背后谈论你的自夸，甚至可能会因此而怨恨你。

在一般情况下，忍住显示自己才智的欲望，可以获得更多才能，保持不自满的心态的同时也可以避免因为炫耀自己的才能，而招致他人对自己的妒忌、诋毁、攻击、陷害。

过于显露自己的才能和智慧，过分地招摇，首先会招致对自己的损害。历史上的名人、能人、英雄豪杰都身怀绝技，但他们也都知道"山外有山，天外有天，能人背后有能人"的道理，所以要想赢得胜利，后发制人，就要保持低调，不轻易地暴露和表现自己的才能。

西汉时的韩信，曾经家里贫穷，没有事干。曾有个人欺侮韩信说："你虽然又高又大，喜欢佩带剑，其实内心怯懦。"并且当众辱骂韩信说："你若不怕死，就刺我一剑；如果怕死，就从我裤裆下钻过去。"韩信仔细看看，想了一下，俯身从那人裤裆里爬了过去，全街的人都笑韩信怯懦。

后来，滕公向汉高祖刘邦说起韩信，开始时刘邦不知道他，于是他就逃走了，萧何亲自追他，并对高祖说："韩信是无双的国士，你要争得天下，非要韩信不可。要拜请他，选一个日子，要斋戒、设立坛位、完备礼教才行。"刘邦答应了他，拜韩信为大将军。到刘邦取得天下之后，韩信被封为齐王，位为淮阴侯。

真正聪明的人，不会自以为是，他们为人处世，以谦虚好学为荣。常以自己的无知或不如人而惭愧，能够得到更多的学习机会，向别人求教，丰富和完善自我是他们的目的。即使自己确有才智，也不会四处去出风头，不去刻意地炫耀或展示自己，往往是克制和忍耐住自己争强好胜的心理。

低调作为一种做人智慧，特别是对于许多普通人来说，是绝对不可缺少的。

学会低调做人，就要不喧闹、不矫揉、不造作、不故作呻吟、不假惺惺、不卷进是非、不招人嫌、不招人嫉，即使你认为自己满腹才华，能力比别人强，也要学会低调。而抱怨自己怀才不遇，那只是肤浅的行为。

低调做人，就是用平和的心态来看待世间的一切，修炼到此种境界，为人便能善始善终，既可以让人在卑微时安贫乐道，豁达大度，也可以让人在显赫时持盈若亏，不骄不狂。

美国著名企业家亚科卡，20世纪70年代初担任福特汽车公司总经理，八年为福特汽车公司挣了35亿美元的利润。正当他春风得意之时，由于嫉妒和猜忌，被老板亨利·福特免去了福特汽车公司总经理的职务，被解雇回家。面对精神的创伤和打击，54岁的亚科卡没有向命运投降，决心韬晦待机，寻找一个可以再展自己的才华、大干一番事业的地方，以成功的事实让亨利·福特永世难忘。

为了实现自己的抱负，他拒绝了一些条件优厚的企业的招聘，而接受了当时深陷危机、濒临破产的克莱斯勒汽车公司的聘请，并担任总裁。上任后，他首先对公司组织机构动"大手术"，并在全体员工，特别是主管人员中，实行以品质、生产力、市场占有率和营运利润等因素来决定红利的政策，主管人员没有达到预期的目标，将扣除25%的红利。还规定在公司尚没有起死回生之前，最高管理层各级人员减薪10%，而亚科卡本人的年薪只有象征性的一美元。他想以此表明，大家都在为走出困境而苦斗。为了争取政府贷款，他亲自出马向新闻界游说，不得不像个被告一样站在国会各个小组委员会面前接受质询。他由于劳累，导致眩晕症复发，差点儿晕倒在国会大厦的走廊里。

经过几年励精图治，1980年初，克莱斯勒汽车公司终于走出困境，开始扭亏为盈。1983年，盈利9亿美元。1984年，利润达24亿美元。1985年，首季获纯利5亿多美元。亚科卡也成为美国的传奇人物。

人要在社会上有所作为，必须具备许多的条件，例如高深的学问、恢宏的志气、宽阔的心胸等，这些都是艰难人生旅途中最大的助力。其中"低调"更是不可少的修养，低调并不是退缩，而是用平常心去对待人间一些不平的境界。

低调做人，是一种品格，一种姿态，一种风度，一种修养，一种胸襟，一种智慧，一种谋略，是做人的最佳姿态。欲成事者必要宽容于人，进而为人们所容纳、所赞赏、所钦佩，这正是人能立世的根基。根基既固，才有枝繁叶茂，硕果累累；倘若根基浅薄，便难免枝衰叶弱，不禁风雨。而低调做人就是在社会上加固立世根基的绝好姿态。低调做人，不仅可以保护自己，使自己融入人群，与人们和谐相处，也可以让人暗蓄力量、悄然潜行，在不显山不露水中成就事业。

5. "礼貌"叩开他人的心扉

礼貌待人是我们中华民族的优良传统。中国曾有"君子不失足于人，不失色于人，不失口于人"的古训，意思是说：有道德的人待人应该彬彬有礼，态度不能粗暴傲慢，更不能出言不逊。随着社会经济的不断发展，社会中的人际关系更是错综复杂，因此在社会中为人处世就变成了一个复杂而又敏感的话题。

陈棣是某公司的高级主管，下属去见他时，他不但坐着不动，而且也不懂得礼貌示座，下属只好站在一旁说话。有时还会因不满意下属的回答而一直不发言，或者始终不看下属，让下属感觉他充耳不闻，视而不见，并常使下属心情低落地告辞。对待朋友，他也是爱搭不理，令人难以接受。但因陈棣正在得势之时，职员们也就只是背后批评，当面还是恭维、奉承，但心里却都很反感他。后来形势逆转，他不再有实权时，一时间攻击他的人就特别的多，这完全是因为他待人傲慢无礼造成的。

《诗经》上说："谦谦君子，赐我百朋。"懂得礼仪的人能获得更多的朋友。礼多人不怪，人们将一个人是否彬彬有礼作为其社会地位和受教育程度的检验标准。很多时候，一件事情的成功往往取决于你对对方的尊重。多礼能够体现一个人的素质修养。"礼"并不是与生俱来的，必须要用心去领会、去学习，逐渐养成一种习惯，这样才会帮助你顺利地打开人际交往局面。

美国前总统威尔逊曾经说过："假如你握紧两只拳头来找我，我想我可以告诉你，我会把自己的拳头握得更紧；但假如你找我来说：'让我们坐下好好商量，假如我们之间的意见有不同之处，看看原因出在哪里，主要的症结在什么地方。'我们会觉得彼此的意见相距不是十分远。我们的意见不同之处少，相同之处多，并且只要彼此有诚意、有耐心和愿望去接近，我们的相处并不是十分难的。"人们都希望获得尊重，站在别人面前，一番强词夺理的争论，一些放荡不羁、趾高气扬的行为举止，会远远不及一番谨慎细致的考虑和措辞有理、文质彬彬的劝导有用。

与人交往，恶意的争辩只能使问题更加的复杂化，那种挑战的口气、充满敌意的态度，并不能够使别人轻易赞同。反之，对别人晓之以理，动之以情，别人也容易同意你的请求。我们要想获得别人的尊重，就要首先学会尊重别人。尊重别人要用"礼貌"叩开他人的心扉，让他感受到你的诚意和真心，这样他才能心悦诚服地与你交往。

礼貌待人体现的是对一个人的尊重和友善。每个人都希望别人对自己有礼貌。礼貌是一个人素质高低的表现，也是尊重人、尊重自己的表现。没有人会对你的礼貌表示反感，只会对你的无礼表示厌烦。礼貌必须诚恳，不诚恳的多礼者，往往会令人生厌。人际交往中，与人见面握手，得体地寒暄几句会让人感到很亲切。相反，如果寒暄时虚情假意，废话、空话连篇，极力向别人讨好，就会显得无聊至极。

礼仪是联接友谊的"纽带"。一个人的诚恳与善良往往是通过礼仪显现出来的。所以说，毕恭毕敬的态度，得体的礼仪是赢得别人信赖的条件之一。礼貌是礼仪的基本体现，而并不只是一种外在的表现形式，它是沟通人们之间友好感情的一道桥梁。如果人们能自觉地做到礼貌待人，不仅能使人与人之间的关系更加纯洁和美好，还可以避免和减少某些不必要的个人冲突，使社会生活朝着更加和谐的方向发展。

6.做一个有魅力的人

有魅力者容易成功。这道理再简单不过了，有魅力的人，他的一举一动都有着神奇的吸引力，就像一块磁铁一样，有一种征服人心的力量。

个人的人格魅力同他的智力、受教育程度一样，是与他的前途息息相关的。

魅力并不是与生俱来的，而是在生活环境中塑造出来的。也就是说先知道魅力的来源，再去塑造自己的魅力，而这些魅力往往是通过长年累月、一点一滴积累而成的。长此以往，魅力也就随之而产生了。这种魅力往往蕴藏在平常做人和做事的原则之中。

有一个女子，家境非常富裕，不论其财富、地位、能力、权力及漂亮的外表，都少有人能够比得上，但她却郁郁寡欢，连个谈心的人也没有，于是她去请教悟静禅师，她想知道如何才能具有魅力，以赢得别人的欢喜。

悟静禅师告诉她道："你能随时随地和各种人合作，并具有和佛一样的慈悲胸怀，讲些禅话，听些禅音，做些禅事，用些禅心，那你就能成为有魅力的人。"

这个女子听后，问道："禅话怎么讲呢？"

悟静禅师道："禅话，就是说欢喜的话，说真实的话，说谦虚的话，说利人的话。"

这个女子又问道："禅音怎么听呢？"

悟静禅师道："禅音就是化一切声音为微妙的声音，把辱骂的声音转为慈悲的声音，把毁谤的声音转为帮助的声音，哭声闹声，粗声丑声，你都能不介意，那就是禅音了。"

这个女子再问道："禅事怎么做呢？"

悟静禅师："禅事就是布施的事，慈善的事，服务的事，合乎佛法的事。"

这个女子更进一步问道："禅心是什么呢？"

悟静禅师道："禅心就是你我一如的心，圣凡一致的心，包容一切的心，普利一切的心。"

这个女子听后，一改从前的娇气，在人前不再夸耀自己的财富，不再自恃自我的美丽，对人总谦恭有礼，对眷属尤能体恤关怀，不久，她的身边就多了许多朋友，她的脸上也总是挂着笑容，不再不开心了。

人的个性是千差万别的，一方面是受遗传因素支配的，另一方面是生活环境和个人修养使然。因此，为了提升自己的人生品质，我们应该积极地克服那些对自己不利的性格因素，寻找能为自己的个人魅力加分的良方。

拿破仑·希尔指出："有魅力的人，人人都爱和他交友；和有魅力的人相处总是愉快的。他好像雨天的太阳能驱除昏暗。……一个人能否成功与他的个人魅力有密切的关系。那些能够成功地创造财富的人往往拥有能招财进宝的个性。良好的个人魅力是一种神奇的天赋，就连最冷酷无情的人都能受到他的感染。"

每一个人都像是一块人体磁铁，在人生中，与他人吸引或排斥、相似或相异。吸引力法则揭露了人生的基础法则之一——人生是发自于你内心的存在，而不是由外在物质来证明的。无论你渴求的人生经验如何，只有在你最深处有感觉的时候，你的梦想才会实现，你才感觉到你值得。当你渴望的结果和你的目标和谐时，你的渴望才会产生最大的影响力。

个人魅力能让一个才能平平的男人得到令人羡慕的职位，能让一个外表平凡的女子焕发动人的光彩。那些法国沙龙里的女主人通常都已不是很年轻了，但她们的个人魅力却能使头戴金冠的国王欣赏。在很多场合下，当人们的谈话陷入僵局时，这种聪慧的女子能轻而易举地使整个局面得以改观。也许她们并不美丽，也并不年轻，但她们能将每个人的目光都吸引过来，成为大家追捧的对象。

那么，如何让自己拥有像磁铁一样的魅力呢？

（1）努力做一个知识丰富，对新事物、新观念容易接受，能摸索、发现、掌握事物发展的内在规律，对事物的发展有辨析和预知能力的人。这种人应既是个造梦人、鼓动家，给下属描绘美好的发展前景，激励下属奋发努力，又能在事业发展的高峰时，居安思危，保持清醒的头脑。

（2）做一个自制力强，喜怒不形于色的人。作为领导者，应该不同于一般的人，应有很强的自制力，不应轻易地流露喜怒哀乐。如果领导者的喜怒哀乐随时显现，下属就会看上司的脸色行事，换句话说：如果一个公司财务陷入困境，即使领导者已经在疲于奔命，此时，绝对不可形于色，让下属看出来，不然后果不堪设想。领导者的镇静可使下属敬佩，也可使下属不失其做事的本意。

（3）做一个具有革新和创新意识的人。大多数人害怕改变，有的人认为以不变应万变就是最佳、最安全的企业策略。但是，环境在变，时间也在变，做同样的事情，不同的时间，结果完全不同。因此，要有革新和创新的意识，胜利者是不怕改变的。

（4）要有开拓者的宽大胸襟，强有力的号召力和亲和力，善用影响力，有高超的协调、谈判能力。

人无完人，以上特质要在一个人身上全面体现出来，可以说有相当的难度。一个企业的领导者的产生有多种可能，或是在商海拼搏，白手起家的创业型；或是精于经营，善于理财的职业型；或是投机钻营，溜须拍马的投机型，以及其他各种类型。

在现实生活中我们不难发现，有些人似乎特别幸运，他们的成功比常人来得容易，而他们的付出却比别人少很多！只要我们对这些"幸运儿"稍加分析就会发现，这完全是因为他们具有某种能吸引人的品质，同时也正是由于这种出色的人格魅力，使他们把别人牢牢地吸引在了自己身边，从而促成自己的成功。

如果你想成为一个具有重大影响力的人，先做一个有魅力的人吧。魅力是哲学家的炼金石，拥有它的人，可以把生活中所有普通金矿炼成纯金。魅力这种东西不是你所能乞讨、偷窃或买来的，你只能逐步培养，而且用你自己的思想和行为把它建立起来，此外别无他法。经由自我暗示的协助，任何人都可以建立起一种迷人的魅力，不管他过去的历史如何。所有拥有魅力的人，都会拥有其独特的个性与足够的热忱，将其他拥有无限魅力的人吸引到他们身边来。

7.做人不能太较真

"水至清则无鱼，人至察则无徒"，做人不能太较真，这正是有人活得潇洒，有人活得太累的原因之所在。

做人固然不能玩世不恭，游戏人生，但也不能太较真，认死理。太认真了，就会对什么都看不惯，连一个朋友都容不下，把自己同社会隔绝开。镜子看上去很平，但在高倍放大镜下，就成了凹凸不平的；肉眼看很干净的东西，拿到显微镜下，满目都是细菌。试想，如果我们"戴"着放大镜、显微镜生活，恐怕连饭都不敢吃了。再用放大镜去看别人的毛病，恐怕许多人都会被看成罪不可恕、无可救药的人了。

孔子带众弟子东游，走累了，肚子又饿，看到一酒家，孔子吩咐一弟子去向老板要点吃的，这个弟子走到酒家跟老板说："我是孔子的学生，我们和老师走累了，给点吃的吧。"老板说："既然你是孔子的弟子，我写个字，如果你认识的话，随便吃。"于是老板写了个"真"字，孔子的弟子想都没想就说："这个字太简单了，'真'字谁不认识啊，这是个'真'字。"老板大笑："连这个字都不认识，还冒充孔子的学生。"于是便吩咐伙计将之赶出酒家，孔子看到弟子两手空空垂头丧气地回来，问后得知原委，就亲自去酒家，对老板说："我是孔子，走累了，想要点吃的。"老板说："既然你说你是孔子，那么我写个字，如果你认识，你们随便吃。"于是又写了个"真"字，孔子看了看，说："这个字念'直八'"，老板大笑着说："果然是孔子，你们随便吃。"弟子不服，问孔子："这明明是'真'嘛，为什么念'直八'？"孔子说："这是个认不得'真'的时代，你非要认'真'，焉不碰壁？处世之道，你还得学啊。"

这虽是个杜撰的故事，但也说明了一个道理，那就是做人不能太较真。在工作中，不是你把所有的事情做好了就是认真，有时候事情没做好，在领导的眼里也是认真，因为你认真地揣摩了领导的需要而且尽可能地配合了领导的需要。认真不是较真，为什么很多兢兢业业工作的人没有得到晋升，而工作并不太出色的人反而得到提升，因为前者多较真，而后者是认真；前者多被领导表扬，但和领导走得远，后者多被领导批评，却和领导走得近。糊涂是外人看到的糊涂，郑板桥说"难得糊涂"，大概也是这个道理吧。

在公共场所遇到不顺心的事，实在不值得过度较真生气。有时，素不相识的人冒犯你，其中肯定是有原因的，没有谁会故意伤害谁。也许是一些烦心事使他当时情绪恶劣，行为失控，正巧让你赶上了，只要不是恶语伤人、**侮辱人格**，我们就应宽大为怀、以柔克刚、晓之以理。没有必要与原本与你无仇无怨的人恶语相加。如若不然，很有可能在最后造成两败俱伤的局面，于人于己、于社会都无益。另外，从某种意义上说，对方的触犯是发泄和转嫁他心中的痛苦，虽说我们没有义务分摊他的痛苦，但确实可以你的宽容去帮助他，**使你无形之中做了件好事**。这样一想，也就不难容忍对方了。

如果要求一个人真正做到不较真、能容人，也不是简单的事，首先需要有良好的修养、善解人意的思维方法，并且需要经常从对方的角度设身处地地考虑和处理问题，多一些体谅和理解，就会多一些宽容，多一些和谐，多一些友谊。

8.恰到好处地赞美别人

"人告之以过则喜"，这是《论语》中的一句话。但现在的人际交往中并不提倡这种做法，因为很少人有子路、孔子等人的这种雅量，一般情况下，普通人都不可能做到这一点。大家常说"良药苦口利于病，忠言逆耳利于行"，但真正能听得进逆耳忠言的人却并不多。所以我们在向他人说"逆耳忠言"时，不妨适当说些赞美的话。

马克·吐温曾说过："一句精彩的赞辞可以代替我10天的口粮。"渴望得到赞美是每个人内心最迫切的需求之一，恰到好处地赞美别人，自然会得到别人的回应与赞美。

在许多场合，适时得当的赞美常常会发挥它的神奇功效，林肯曾经说过："人人都需要赞美，你我都不例外。"人人都渴望赞美，这是人们的共同心理。在人与人之间，无论是朋友之间，夫妻之间，师生之间，父母和子女之间，还是领导与下属之间，互相赞美是必不可少的。

有一位著名的企业家给员工陈述了这样一件事情。在他还是一名见习服务员的时候，常常对生活不满意。特别是上班的第一天，他在杂货店里忙活了整整一天，累得筋疲力尽。他的帽子歪向了一边，工作服上沾满了点点污渍，双脚越来越疼。他感到疲倦和泄气，似乎觉得自己什么也干不好。好不容易为一位顾客列完了一张烦琐的账单，但是这位顾客的孩子们却三番五次地更换冰激凌的订单，他这时候已经到了忍耐的极点。这时候，这一家人的父亲一边给他小费，一边笑着对他说："干得不错，你对我们照顾得真是太周到了！"突然之间，他就感觉到疲倦消失得无影无踪了。后来，当经理问到他对头一天的工作感觉如何时，他回答说："挺好！那几句话似乎把一切都改变了。"

赞美就像是照在人们心灵上的阳光，没有阳光，我们就无法发育和成长。赞美不仅是一种悦耳的声音，更是一种力量，一种可以提升我们生活质量的强大力量。

赞美是一门学问，巧妙赞美别人不仅会赢得对方的尊重，还会提高你在别人心目中的地位。只要是优点、长处，对别人没有害处，你就可以毫无顾忌地表示你的赞美之情。当然，赞美别人对自己也会有所帮助。因为，你若想让对方接受你的观点或想法，就必须先让对方能够静心倾听你的想法。如果对方连听都没有听进去，更谈不上接受不接受。而要对方倾听，就不可使对方产生反感。此时，赞美的话就会发挥最好的效用，赞美别人的同时，也吸引了对方的注意力，这样对方才有时间静心倾听你的想法。

韩非子曾经说过一句话，大意是要适当地赞美别人的优点和长处，这是正确处理人与人之间关系的一条重要而实用的法则。任何人都乐意听好话，听别人赞美自己的长处和优点，而不愿意听别人直说自己的短处和缺点。爱慕虚荣之心人皆有之，尤其是在他们觉得做没有多大把握的事情时，非常愿意看到自己在这些没什么把握的事情上表现不凡，获得别人的称赞。

虽然赞美的妙用到处可见，但若是用错了，就会令人处境尴尬。

有个公司的部门主管在抓好公司业务的同时，结合自己的工作实践撰写了一本书稿，他这样称赞总经理："你在企业工作真是一个错误的选择，如果你专门研究经营管理，我相信你一定会成为商务管理的专家，会有更加突出的成果问世。"

总经理看了部门主管的这一段文字，十分不悦地说："你的意思是说我根本不适合做公司的总经理，只有另谋他职了？"看见总经理产生了误解，本来想对总经理赞美一番的部门经理紧张得直冒冷汗。正当万般尴尬之时，一位秘书走过来替部门主管打了个圆场，她说道："部门主管的意思是说您是个多才多艺的人，不仅本职工作抓得好，其他方面也非常出色。"总经理听后，脸色一下子缓和了下来，这才化解了这位部门主管的危机。

由此可见，赞美也需要把握火候，掌握分寸，这样才能成为一个受欢迎的人。同样是赞美一个人，称赞一件事，不同的表达方法取得的效果会大相径庭。因此，若想巧妙地赞美别人，要注意以下几个方面：碰到自我意识强、警觉性高的人，可以投其所好适当赞美，但要让对方觉得你是由衷称赞他，称赞时眼睛要注视着对方，流露出一种专心倾听对方讲话的表情，让对方意识到自己的重要，这样才能达到效果。另外，赞美也要有所见地，赞美对方的容貌，不如赞美对方的能力和品质更显得体。赞美的话要选准时机，适可而止，不宜过多，当对方对你的赞美显示出不耐烦的样子时，你就要适可而止。若别人刚介绍你与对方相识，这时你就应该巧妙地称赞一下对方的名字，这样对方才会更容易记住你。

适当地赞美别人，说说赞美话也是处世之道。赞美是博得人心的好方法，它不是拍马屁，也不是奉承。只要话说到点子上，就能深入人心，在与他人打交道、共事时就会变得轻而易举。

9.趋利避害，赢得人缘

为人处世得心应手的人，往往是善于趋利避害的人。因此，学习处世之道的目的就是为了趋利避害，赢得人缘，为自己打造一个良好的人际交往氛围。尽管趋利避害的愿望人人都有，但真正做到这点却并非容易。因此，要想趋利避害就要注意以下几个方面的问题：

（1）学会与有影响力的人交往。与有影响力的、知名度较高的人交往，能帮助你发展事业。可以借助他们的社会关系和影响力，相应的提高你的身份与地位。

（2）注意以下几种人。

①喜欢自吹自擂的人。这种人没有真才实学，经常喜欢胡乱吹捧，并希望通过吹嘘来达到最终目的。对这种人不能心存奢望，要持不屑一顾的态度，以免给自己带来麻烦。

②喜欢谈论是非的人。不要成为是非多的人的听众，这样会让自己也卷入是非之中，使得他人对你产生不满。

③眼高手低的人。这种人往往好高骛远，做事缺乏恒心与毅力。因此，要尽量避免与这种人过多地接触。

④不守信用的人。对待这种人千万不能轻信，因为他们大多是表面豪爽热情，多讲义气，而实际不然。一些能办成的事往往也会被他们搞砸，反而会有损你的信誉。

⑤阴险之人。这种人往往城府很深。他们的喜怒常不形于色，生性多疑，内心世界诡秘莫测，表里通常相反。这种人通常惯用"借刀杀人"的伎俩，算计别人往往不露声色，经常出其不意地暗算，使人防不胜防。

（3）避免上当受骗的方法。

①不要财迷心窍。贪财的人都因为财迷心窍而上当受骗，被人利用。

②不要虚荣心太强。虚荣心强的人总是不甘落后，容易在别人的恭维之中犯错误。

③不要滥施同情心。同情心强的人往往会成为某些人诈骗钱财的主要目标。

④不要自尊心太强。喜欢别人对自己赞美的人，容易轻信阿谀奉承之人，以至于落入他人的圈套。

⑤不要轻信别人。他人说甜言蜜语的目的就是让你难以推却别人的要求。如果耳根子太软，对别人的甜言蜜语一味听信，就容易被人控制、操纵，后果不堪设想。

⑥不要盲目跟从。一味地盲从是导致失败的根源，凡事要有主见，不要被

他人控制。与人相处，既不能失去任何一位志同道合的朋友，也不能误入陷阱不得翻身。因此，要做到趋利避害，对社会上形形色色的人做到洞察分明，然后再根据自己的认识进行取舍。这样，才能与他人成功地交往。

10.尽量保住别人的面子

人们常说"人活一张脸，树活一张皮"。面子既不能不要，也不能都要。我们一定要对这个问题有一个正确的认识。否则，自己为了要面子，而实际上往往是丢了面子，丢了面子是小事，但是为了面子而活受罪则实在是不划算的。

要给人留面子，你首先要养成不去指责别人的习惯。指责是不给人面子的一种行为，它只能促使对方站起来维护其荣誉，为自己辩解，即使当时不能，对方也会在日后寻机报复。

有些人在说话的时候，不去看别人的脸色，不管时机和场合，只是满足了自己的欲望，不顾及他人的面子而说个不停。

王芳是一家大型企业的高级职员，她的能力是有目共睹的，无论是工作能力，还是文字水平，都处在单位的一流水平，上司对她的能力也是充分肯定的。平时，王芳的热情大方、率真自然是比较受人欢迎的。但是，成也萧何，败也萧何。王芳的率直和不加掩饰及过于情绪化，不论对谁，只要她看见不对的地方，就不加保留的进行指责，一点也不给人面子。这在职场中有时可是个大忌。前不久，单位提拔了一个无论是资历，还是能力和业绩都不如王芳的女同事。王芳很生气，平时上司就对这位女同事特别关照，什么提职、加薪等好机会都会想着她，好事几乎都让她一个人占尽了，眼看着处处不如自己的同事一年之内竟然被"破格"提拔了三次，自己的业绩明明高出她好多，可上司好像就视而不见，只是一个劲地让她好好工作，好机会总没她什么事。

这次，王芳真的被气恼了，她义愤填膺地跑到上司的办公室去质问，并义正词严地与上司理论起来，可上司那里早已准备了一些冠冕堂皇的理由，尽管这样，上司还是被王芳搞得非常狼狈。从那以后，王芳的情绪一度受到影响，还因此备受冷落，同事也不敢轻易同她说话了。王芳很难受，又气、又急、又窝火，自己怎么也想不通为什么工作干了一大堆，领导安排的工作也能高标准的完成，可为什么总是费力不讨好呢？看看那位被提拔的女同事，也没干出什么出色的成绩，可人家不慌不忙的总是好事不断。

在工作中，什么样的情况都可能发生，什么样的事情都可能遇到，因此在处理工作和事务时，要学会保护自己免受伤害，要学会控制自己的情绪，不要轻易地把自己的情绪表露出来，以免伤害自己和伤害到他人的面子。不加控制地直接流露自己的喜怒哀乐，也显示出自己本身肤浅。

人人都有自尊心和虚荣心，甚至连一些乞丐都不受嗟来之食，那正是因为太伤自尊，太没面子。与人交往不能不给面子，不能撕破脸，更不能使对方颜面扫地。显而易见，面子是交往中不可回避的重中之重。

有个书生家里很穷，却很爱面子。一天晚上，小偷来到他家中，搜寻之后，没有发现值得一偷的东西，便跺脚叹道："晦气，我算碰到了真正的穷鬼！"书生听了，赶紧从床头摸出仅有的几文钱，塞给小偷，说："您来得不巧，请您就把这点钱带上。但在他人面前，希望您不要张扬，给我留点面子啊！"

这个书生是一个死要面子的人，这样的人在生活中很多。从古至今，我们做的很多事都是为了面子。只不过有时是为了自己的面子，有时则是为了别人的面子。甚至男人为了面子宁愿选择死亡的例子也有很多。古语中有句话：士可杀不可辱。在古代战争中，每位将士被俘虏后遭到敌人的戏弄时，最喜欢说的正是"士可杀不可辱"。你要么就杀了我，要么就不要玩弄我。如果你玩弄我，那么我活着没面子，还不如死去。

爱面子的人很奇妙，可以吃闷亏，可以吃暗亏，但就是不能吃"没有面子"的亏，所以在人性丛林里求生存，必须了解到这一点，这也就是很多善于运用糊涂智慧的人不轻易在公开场合说一句批评别人的话的原因，宁可高帽子一顶顶地送，保住别人的面子，别人也会如法炮制，给你面子，彼此心照不宣，尽欢而散。

第六章 游刃职场进退之道：
不强出风头，不甘于落后

　　人在职场，很多事都身不由己，你凭什么能够笑傲职场？你能做职场上的不倒翁吗？成功的人总是相似的，失败的人各有各的原因。职场自有职场的生存智慧，成功的人都能在职场中进退自如、左右逢源，因为他们练就了游刃职场的进退智慧。

1.充分尊重他人的"领土意识"

每个人都有属于自己的"领地"，只不过当它以无形的方式表现出来的时候，就常常容易被忽略，而这也恰恰是最易出问题的时候。

所有动物都有领土意识，大至狮子老虎，小至老鼠、昆虫，无不如此。

"领土意识"基本上就是自卫意识，人的表现，虽不像动物那样直接明了，但自卫意识同样强烈，只不过在方式上有所不同。如果不注意这一点，就很容易自讨没趣，甚至遭到迎头痛击。在这里我们主要说说办公室里人们往往会忽略的"领土意识"。例如，未经同意就坐在同事的桌子或椅子上，擅自坐在主管的房间里，工作时间到别的部门聊天，等等。

小刘在一家外企工作好几年了，平日里踏实肯干，兢兢业业，很受领导的好评。上级主管对他的印象非常好，但是从某一天开始，主管对他的态度就变了。糊涂的小刘丈二和尚摸不着头脑。仔细想来，可能是因为"那件事"。原来有一天，小刘到主管那里送文件，恰巧主管不在，小刘就坐在了主管的椅子上等他。主管回来后看见小刘坐在自己的位子上很不悦，但当时粗心的小刘并没有注意。主管认为小刘的行为侵犯了他的"领土"，因而对小刘的态度也有所改变。

你不要以为这没什么，或是有"我又没什么坏念头"的想法，事实上，你的举动已经侵犯到别人的"领土"，这会使对方感到不快。这不快不会立即表现出来，但这不快会藏在心底，对你有了不好的印象，甚至怀疑：他对我到底有什么企图？看上我的职位吗？还是来刺探什么……有这种想法是非常自然的，换成是你，也会如此！所以，别人工作的地方，没有必要时，不要随便靠近。

还有一些"领土"是抽象的，但同样不可侵犯。比如工作的职权范围，要时刻牢记"不在其位，不谋其政"的古训，因为无论多么开放的职场，界线永远存在。你不要越线去做"帮助"别人的事，也许你是出于一片好心，问题是对方也许不会领你的情，因为很多时候你的"热心"往往在别人看来是"别有用心"。

如果你是主管，也要注意：不要没事就到别的部门去聊天，因为这会对那个部门的主管造成"侵犯领土"的不安全感，就算你就是去聊天也不行，因为在他的部门里，他是唯一的权力象征，你无缘无故的出现，会让其觉得不舒服。当然，谈公事时例外，但应只限于主管和主管接触，不要随意去接触他的下属。

有时，你的部门一时人手紧张忙不过来时，切不可不通过其他部门的主管就随意调用该部门的人员。对该部门主管而言，你是"手太长"，没把其放在眼里；对被调用人员而言，也会心中充满不平："你算哪儿的？你管我呢？"但这些通常又不会显露在脸上，因此你不要傻乎乎地以为人家都很愿意帮你似的。其实实际上，你已经侵犯别人的"领土"了。

还有一种情况，是过于依赖个人的关系而忽略应该走的"过场"，这也是一种"领土"侵犯行为。

比如，你与打字室的某人关系不错，因此你便直来直去，把一些要打字的文件直接塞到该打字员的手中，全然忽略了打字室的主管。这是最容易得罪人的一种行为，这无异于是对其"领土"的"公然践踏"，本来忙的都是公事，却不知已结下了"私怨"。

你所代表的是一个部门而不仅仅是你个人，你的行为往往被人们上升为部门行为，所以更要小心。这种领土意识看起来很无聊，但却是存在的，如果你不注意而侵犯了别人的领土，是会惹出你想也想不到的麻烦的。所以，"相互尊重主权和领土完整"是"和平共处"的基础，国际政治中如此，人际关系中也是如此。

2.恩威并用，宽严得宜

上司要赢得下属的心悦诚服，一定要宽严并施。

所谓宽，则不外乎亲切的话语及优厚的待遇，经常关心他们的生活，聆听他们的忧虑，他们的起居饮食都要考虑周全。和他们说话时再加上一个微笑，下属的工作效率一定会大大提高，因为他会感到，上司很关心我，我得好好干！

所谓严，就是必须有命令与批评。一定要令行禁止，不能始终客客气气，为维护自己平和谦虚的形象，而不好意思直斥其非。做上司的一定要拿出做上司的威严来，让下属知道你的判断是正确的，必须不折不扣地执行。

恩是温和、奖励；威是严格、责备。身为一个领导者，要能将恩、威配合运用。

上司的威严还在对下属布置工作，交代任务上。一方面要敢于放手让下属去做，不要自己包打天下；另一方面在交代任务时，要明确要求，什么时间完成，达到什么标准。布置了以后，还必须检验下属完成的情况。

"宽严得宜，恩威并用"的意义，并不是恩、威各占一半，而是说依事情的情况而定，恩威配合，以身作则地教导下属，如此一来，下属一定会乐意完成上司交给他的任务。

以企业来说，如果欠缺严格的管理，一味温和，员工很容易被惯坏，而言行也会变得随便，毫无长进；但若过分严格，往往会导致下属心理畏缩，表面顺从，实际对抗，对事情没有自主性，也缺乏兴趣。如此一来，不仅人力不能有效地发挥，整个机构也将毫无生机了。

当下属犯的错误较严重时，上司就必须对其执行某种形式的惩罚。惩罚下属时，不只是为了惩罚而惩罚，而是要达到惩罚的目的。

日本电影《幸福的黄手帕》描述了一位刑满释放的丈夫怀着忐忑不安的心情踏上回家路，不知妻子是否还能爱他，因此事先通知妻子，如接受他回家，便请在门口挂一条黄手帕，否则他将继续远行，浪迹天涯。当他到达时，许多条黄手帕在迎风招展。这个故事不知感动了多少人，生活中也确有相似的事例。

一个工人由于工作不负责，在生产的关键时刻马马虎虎，造成了重大责任事故，他被捕入狱。狱中，他后悔莫及，但他没有消沉，他认真地反省自己的过错。快要出狱前夕，他给厂长写了封信，信中说："我清楚自己的罪过，很对不起大家。我即将出狱重新开始生活。我将在后天乘火车路过咱们的工厂，作为原来的一名职工，我恳切请求你在我路过工厂附近的车站时，扬起一面旗子，我将见旗下车，否则我将去火车载我去的任何地方……"那天，火车临近车站了，他微微闭上双目，默默地为命运祈祷。当他睁开双眼时，他看到了许多面旗子，是他的那些工友们在举着旗子呼喊着他的名字。当时他已泪流满面，没等车停稳就扑到接他的人群中去了。后来他成了一名优秀的工人。

他的厂长是一位有着宽容谅解之心的人，他成功地运用宽容之术使这个年轻的工人获得了新生。

实际上，一个领导对下属的一言一行，都应该以宽厚的态度去包容，在遇到该严格的时候，也要使下属心服口服，这才不愧是一位成功的领导者。

宽容是一种很强大的力量，一个懂得宽容的人能凝聚众人，使别人信服，得到他人的爱戴，并获得他人的帮助，尤其作为领导者，如果要想取得成功，那么就要在任何时候都以宽容之心待人。

根据《唐史》记载：李世民平定刘武周后，从刘武周那里投降的将领大多数叛逃回国，人们开始怀疑尉迟敬德，于是把他逮捕，囚禁在军中。

手下将领对李世民说："尉迟敬德骁勇无比，现在既然囚禁了他，必然会生怨恨，留下他恐怕有后患，不如就地把他杀了。"

李世民说："敬德如果想叛变而逃，早就走了，为什么还等到现在呢？"于是命令赶快释放尉迟敬德，并把他引进自己的室内，赏赐了许多黄金，说道："请你用大丈夫的意气来对待事情，不要为这些小的嫌疑而介意，我永远都不相信诬陷你的话，你应该体谅。你定要离去的话，这些金银可以资助你，表示我们共事一时的情谊。"

有一次，李世民仅带500兵丁察看阵地，王世充带领1万多人，突然把他团团围住。单雄信引槊直挑李世民，尉迟敬德跃马大呼："勿伤我主！"横鞭直打，单雄信落马而逃，唐军及时赶到，王世充大败而逃。

李世民以英雄相惜、宽厚仁慈的气度，换得了尉迟敬德的忠心。

恩威并用，宽严得宜，是领导处理问题的极佳手段，这样能相辅相成，收到事半功倍之效。

3.做一只"喜传捷报"的喜鹊

喜怒哀乐，人之常情。而老板的喜怒哀乐，往往与日常工作中的成功与失败、盈利与亏损、成绩与失误、顺利与挫折等企业运行状况有着密切的关系。

对于取得成绩、经营获利等企业运营良好的状况，老板自然感到由衷的欣喜，而对于工作中的失误、经营上的亏损，老板必定会感到不安与忧虑。

因此，向老板报告工作中取得的成绩，等于向老板报喜，而要向老板报告工作中的失误、挫折之类的情况，就等于是向老板报忧。员工在向老板汇报工作时，正确的态度和做法应该是实话实说、有喜报喜、有忧报忧。这是一种对老板、对企业、对工作负责的行为。

但是，这种实事求是、实话实说的行为，只能用之于那些开明的、有胸怀的老板，而对于那些心胸狭小、刚愎自用、吹毛求疵的老板而言，实话实说、实事求是、弄不好就是一种罪过。因为，这类老板由于自身的心理素质较低，往往自视甚高，以至于爱好别人的夸奖与吹捧。老板的成就、工作的业绩，夸大无妨，甚至还能讨其欢心；相反，如果下属或员工反映的是有关老板的工作失误和素质的缺陷，往往会使其难以听得进去。如果你不了解这类老板的性格缺陷，就贸然实话实说，讲了老板的不足和缺点或工作的失误，那你就要多加小心了，他给你穿小鞋或找借口报复你，就只是一个时间问题。

实事求是、实话实说，是一剂良药，它只能用于那些清醒者和豁达者。在民间，人们都是欢迎喜鹊而讨厌乌鸦的。其实大家也都明白或喜或忧是客观存在，与报告者并无直接关系，但依然不由自主地喜吉言，恶凶讯，并会不自觉的将其与该传达者相联系。

当年复一年、日复一日，全身心地投入工作时，你会突然发现，尽管自己累得半死，别人好像熟视无睹，尤其是上司，似乎从未当面夸奖过你。这时，你可能会怨天尤人，牢骚满腹。但你一定要懂得，这不完全是上司的过错，试想想，公司上上下下，里里外外，有多少人要上司操心过问，你的"被忽略"也情有可原。默默无闻虽然没有什么不好，但是你要尽量让上司知道你的存在，这样他才能够发现和认识到你的价值，才能对你委以重任。

若要想让上司注意你，就应该与上司保持沟通，做一只多报喜，少报忧的喜鹊。当你完成了一件很棘手的任务后，首先必须得先向你的上司汇报，让他知道你有"快刀斩乱麻"的能力。但是应当注意，不要等出了纰漏才想到去找上司，做上司的都喜欢能干的下属，如果你一贯精明干练，即使万一惹了麻烦，上司也能够宽大为怀，予以谅解。最怕的是，你每次报告上司的都是工作没做好的坏消息，这样，你在上司心目中的印象一定很糟糕。

向老板"喜传捷报"应当掌握一些灵活的技巧：

第一，开门见山，先说结论。不要把时间和精力用来描述你做的事，而应首先直接把结果告诉给你的上司。领导一般都很忙，用有限的时间向领导报告其最关心的事，这才是明智之举。

第二，如果时间允许，再进一步详细说明过程。报告内容应尽可能简明扼要，并且记住先感谢别人，再提自己的功劳。

第三，如果是书面报告，内容要详尽。在详尽的书面报告中一定要署上自己的名字，不要洋洋洒洒、下笔千言。如果忘了加上自己的名字，或者把直属主管、上司的名字统统写了上去，却唯独漏了自己的名字，那岂不是"功亏一篑"。

第四，不要急功近利。报告完了，切勿立刻求赏，只要给上司留下好印象即可。否则，上司可能会觉得你太急功近利。只要你一次次赢得上司的肯定，天长日久，功到自然成。

第五，荣耀不可独享。一定不要忘了，除了报告你的上司，最好同时把好消息告诉你的同事、下属，让他们共同分享，既好了人缘，又造了"舆论"，让别人觉察到你的"闪光点"。

在工作中，有了成绩就要让人知道。就像做蛋糕一样，做完蛋糕要想到"挤花"，有了美丽的奶油花朵，蛋糕就自然赢得了人们的青睐。随时不忘报告上司，就是在自己做的蛋糕上挤花、让他人感受到你的光彩。

4.不要因忽视小人物而栽大跟头

在职场中，不要忽视小人物，更不要得罪小人物。小人物可能帮不上你，但是却可能坏你的事。如果你一不小心得罪了那些小人物，他们可能会处心积虑地对付你，甚至不把你置于死地就不甘心。

有些人的职位虽然不高，权力也不怎么大，跟你也没有什么直接的工作关系，但是，他们的地位可能非常重要，他们的影响无处不在。

史坦芬·艾勒被百事公司派到加拿大分公司任总经理，正要离开纽约总部时，副总裁维克把一个很优秀的助手推荐给了他。那个助手到任后，史坦芬·艾勒发现他办事既老练又谨慎，史坦芬·艾勒很看重他，把他当作最信任的人使用。

任期满了，史坦芬·艾勒准备回到总部。这个助手不想跟他一起回去，反而要求辞职，离开百事公司。史坦芬·艾勒非常奇怪，问他为什么要这样做，那人回答："我是维克先生身边的助手，跟了他多年，我知道他的为人，他叫我跟着你，无非是让我来向总部汇报你在这里的工作情况，你几年来在加拿大一直为公司忙着，并没有出现什么大差错。我辞职后去老总们面前说你的好话，也就不会让他们怀疑我是想以后在你手下工作。"

听后，史坦芬·艾勒吓坏了，好多天一想到这件事他就心神不宁。他想：幸亏自己的确在工作上不敢有丝毫松懈，否则这样公正无私的助手把我在加拿大的所作所为都如实汇报给总裁，我就完蛋了，可能职位就难保住了，多吓人啊！

从这件事中，我们就可以看出，身边的"小人物"是万万得罪不起的，在他们面前表现好非常重要。这些人平时不显山露水，看不出有什么大用处，但是到了关键时刻，说不定就会成为左右大局、决定生死的"重磅炸弹"。

当然，我们看到的只是一个事例。但在现代的办公室生活中，确实有不少人在监督着你，如果没尝到他们的厉害滋味，不把他们放在眼里，或者以为下属只会保护自己，那就大错特错了，你可能会因此失去工作的机会。在日常工作和生活中，重视下属，讲究和他们说话的策略，是与下属保持良好关系的重要方面。

"小人物"的力量汇在了一起，足以推翻任何一个"大人物"。作为领导，千万不要轻易无缘无故地得罪"小人物"，不要与他们发生正面冲突，以免留下后患。要学会与"小人物"合作，展示自己在工作中的魅力。不要用实用主义的观点去处理同"小人物"的关系，平时也不要怠慢他们，不要等到需要与他们合作的时候才去动员他们。应记住：你平时花在说服员工身上的精力、时间都是具有长远效益和潜在优势的，说不准在什么时候，将得到加倍的报答。

某一个部门的正、副两个经理都是留洋回来的博士毕业生，他们年龄相仿，生活阅历和工作经历也都差不多，都可谓极富才华。不同的是，正经理为人和善，善于和员工交流。在日常工作中，对下属恩威并施，分寸得当。在业务上严格要求，从不放松，偶尔出点差错，他总能为下属着想，为下属担当。出差回来，他总是不忘带点小礼物，送给每一个下属。而副经理则对下属严厉有余，温情不足，有时甚至很不通情达理，缺少人情味。例如，一位平时从不误事的下属因为母亲急病而迟到了几分钟，这位经理还是对他进行了严厉的批评，并处以罚款。不久，公司内部人事调整，这个部门的正经理不但工作颇有业绩，而且口碑甚佳，更符合一个高层领导的素质要求，被提拔为公司副总经理。而那位副经理尽管工作也干得不错，但领导认为他有失人情味的管理方式不利于笼络人心，更不利于留住人才，于是取消了原打算提携他的意图。

不要轻视办公室和生活中那些鸡毛蒜皮的小事，它们往往能左右你的工作效率；更不能小看那些平日不起眼的所谓"小人物"，他们的潜能也许会让你大吃一惊，甚至影响到你的业绩和升迁。在职场上，有很多能力超群、业绩突出的优秀人才往往因忽视小人物而栽大跟头。

5.轻松把"不"说出口

人在职场中，说"不"是一个非常重要的环节。学会说"不"可以减少许多心理压力，还可以争取到主动地位。当你学会说"不"时，你会发现生活原来这样轻松。

该说"不"时就说"不"，不做不讲话的鹦鹉。一味的沉默只会让他人忽视你的努力，甚至忽视你的存在。做一个有声音的人，让他人感受到你的存在价值。

不会说"不"的人只会让他人觉得是一个逆来顺受的人。你是不是三番五次地被人利用和欺侮？你是否觉得别人总是占你的便宜或者不尊重你的人格？人们在制订计划时是否不征求你的意见，而会觉得你千依百顺？你是否发现自己常常在扮演违心的角色，而仅仅因为在你的生活中人人都希望你如此？如果这样的话，你的生活和工作就需要改进了，就需要学会拒绝和说"不"了。当然真正鼓足勇气说这个字的时候，当你认识到自己的需要并表达出来时，你会发现你原来所顾虑的事情一件都没有发生，而你的生活却发生了变化，同事们也许更加尊重你，开始意识到你的存在。

刘刚在一家打字店工作，由于从农村出来，勤劳且比较老实。每天上班提前半小时到打字店，每天都利用早到的时间扫地、擦地板、抹桌子，平时工作时遇到有的同事们忙不过来的时候还主动帮助打印。有一天，由于他有事来晚了，发现其他员工们正在嘀咕，"农村人还摆架子，也不知道早来给我们打扫房间"……刘刚突然意识到自己付出的那些努力都"付之东流"了，没有人理解。正好这天晚上又有一位同事请他帮忙，"小刘，你今天晚上帮我把这份稿子打出来吧，明天要交货。我今天晚上要去跳舞，我先走了，人家还等着我呢。""很抱歉，我今晚有事。"小刘第一次回绝了别人，那人从来没有遭到过刘刚的反驳，听了刘刚干脆的拒绝，他待在原地愣住了。第二天，当刘刚去上班时恰巧遇到了昨天被他拒绝的那位同事，那位同事并没有表现出任何异样，反而主动打招呼。从此，找他帮忙的人少了，当他给别人擦桌子的时候别人也会礼貌地回应了。就这样，通过一次拒绝，刘刚换来了自己的平等和他人的尊重。

在工作中，每一个人都可能或多或少地遇上一些自己不想做或不愿做的事情，虽内心里极不情愿，但又不便直接拒绝。所以，我们要掌握拒绝这门艺术，学会适当的拒绝别人。但是，过于直率地拒绝每一个问题，永远说"不"很容易得罪人，不利于同事间和谐的氛围。这就需要我们掌握以下拒绝的技巧：

（1）时刻准备好说"不"。那些在别人不论提出多不合理的要求时都很难说"不"的人，通常是由于以下一种或几种原因。

首先，对自己的判断力缺乏自信，不知道什么是应该做的，什么是别人不该让自己做的。

其次，渴望讨别人喜欢，担心拒绝别人的请求会让人把自己看扁了。对自己的能力能够成功地负起多少责任也认识不清。

最后是自卑作怪，因而把别人看成是能控制自己的"权威人士"。

然而，不论出于何种理由，这些不敢说"不"的人通常承认自己受感情所支配。不管过去的经历如何，他们从未在别人提出要求时有一个准备好的答复，因此，要时刻准备好说"不"。

（2）用沉默表示拒绝。当别人问："你喜欢某某吗？"你心里并不喜欢，这时，你可以不表态，或者一笑置之，别人即会明白。一位不大熟识的朋友邀请你参加晚会，送来请帖，你可以不予回复。它本身说明，你不愿参加这样的活动。

（3）用拖延表示你的拒绝。一位女性朋友想和你约会。她在电话里问你："周末去看电影，好吗？"你可以回答："明天再约吧，到时候我给你打电话。"

一位住宿在你的旅店的客人请求你替他换个房间，你可以说："对不起，这得值班经理决定，他现在不在。"

有人想找你谈话，你看看表："对不起，我还要参加一个会，改天行吗？"

（4）用回避表示拒绝。你和朋友去看了一部无聊的喜剧片，走出影院后，朋友问："这部片子怎么样？"你可以回答："我更喜欢抒情一点的片子。"

（5）以选择其他话题说出"不"。当别人向你提出某种要求时，他们往往通过迂回婉转的方式，绕个大弯子再说出原意，如果你在他谈到一半时就知道了他的意图，并清楚自己不能满足他的愿望时，你不妨把话题岔开，说些别的，让他知道这样做只会给你为难，对方也就会知难而退了。

（6）用反诘表示你的意见。你和别人一起谈论物价问题。当对方问："你是否认为物价增长过快？"你可以回答："那么你认为增长太慢了吗？"

（7）友好地说"不"。你想对别人的意见表示不同意时，要注意把对意见的态度和对人的态度区分开来，对意见要坚决拒绝，对人则要热情友好。

一位作家想同某教授交个朋友。作家对教授热情地说："今晚我请你共进晚餐，你愿意吗？"不巧教授正忙于准备学术报告会的讲稿，实在抽不出时间。于是，他亲切地笑了笑，带着歉意说："对你的邀请，我感到非常荣幸，可是我正忙于准备讲稿，实在无法脱身，十分抱歉！"

（8）以别的原因说"不"。当一个你并不喜欢的人邀请你吃饭或游玩时，你可以有礼貌地说："我妈叫我和她一起去看姥姥呢！"这种说法隐藏了个人的意愿，从而减轻了对方的失望和难堪。

（9）用搪塞辞令拒绝。外交官们在遇到他们不想回答或不愿回答的问题时，总是用一句话来搪塞："无可奉告。"生活中，当我们暂时无法用具体的回答时，也可用这句话。还有一些话可以用来搪塞："天知道""事实会告诉你的"，等等。

（10）用幽默的方式说出"不"。在罗斯福还没有当选美国总统时，曾在海军担任要职。一天，一位好友由于好奇，便向罗斯福问起海军在加勒比海一个小岛上建设基地的情况。罗斯福神秘地向四周看了看，对着朋友耳朵小声说："你能保密吗？""当然能，谁叫咱们是朋友呢！"罗斯福的好友有诚意地回答。"我也能，亲爱的。"罗斯福一边说，一边对他的好友做了个鬼脸，两人大笑起来。可见，如果以幽默的方式说"不"，气氛会马上松弛下来，彼此都感觉不到有压力。

了解了拒绝，你就会在处理一些问题上把握好分寸；懂得了拒绝，你就会在一种很幽默的气氛中使自己和他人都不至于陷入两难境地；学会了拒绝，你就能在社会这个竞技场上游刃有余，立于不败之地。

6.理智地处理与上司的冲突

作为上班族中的一员，无时无刻不在与上司打交道，大部分是工作上的接触，但也有可能是非工作方面的。在与上司打交道的过程中，不可避免会带来一个问题——有意无意地会与上司发生"冲突"。

不管谁是谁非，"得罪"上司无论从哪个角度来说都不是明智之举，只要你还没想调离或辞职，就不要陷入这种僵局，否则，在这样的环境里工作，你不仅不愉快，而且还可能会影响你的前程。所以你有必要提醒自己不可一时冲动，而要理智地处理，为自己留有回旋的余地。

（1）不要急于找同事倾诉。无论何种原因"得罪"上司，我们往往会想向同事诉说苦衷。如果失误在于上司，同事往往对此不好表态，也不愿介入你与上司的争执，又怎能安慰你呢？假如是你自己造成的，他们也不忍心再说你的不是，往你的伤口上撒盐，也许更有居心不良的人会添枝加叶后反馈到上司那儿，加深你与上司之间的"裂痕"。一般来讲，上司的自尊心都较强，不愿意将下属顶撞他的事宣扬出去，因为这有损于他的权威。如果是上司自己的失误，则其更不想扩大影响。所以，最好的办法是自己清醒地理清问题的症结，找出合适的解决方式，使自己与上司的关系重新有一个良好的开始。

（2）适时与上司沟通。当你控制住了自己的情绪后，下一步就是要消除你与上司间的隔阂了，因为你还要与上司相处，受其领导，如果相互之间心存敌意，总会给你的工作以致你今后的发展带来负面的影响，所以你最好自己主动地伸出"橄榄枝"。如果是你错了，你就要有认错的勇气，找出造成自己与上司分歧的症结，向上司做解释，表明自己在以后会以此为鉴，希望继续得到上司的关心。假若是上司的原因，在较为宽松的时候，以婉转的方式，把自己的想法与对方沟通一下，你也可以自己的一时冲动或是方式还欠周到等原因，无伤大雅地请求上司给予宽容，这样既可达到相互沟通的目的，又可以为其提供一个体面的台阶下，有益于恢复你与上司之间的良好关系。

合适的场合包括时间、地点和人员，如果是你单独"得罪"了上司，为减少知情者，就应与上司单独沟通，取得上司的谅解。如果"得罪"上司时有旁人在场，那就应该当着知情者的面向上司承认错误，请求上司原谅。如此一来，既挽回了影响，又维护了上司的权威。有一点要记住：时间应越快越好！以免因时间过长而形成积怨。

如果是上司的原因，不管是否有旁人在场，作为下属都应与上司单独交流。而在时间的把握上更应适度，过早会给上司以"得理不饶人"的印象，过晚则难免有些"斤斤计较"了。当然，如果在以后的类似问题处理上，发现上司已经意识到他的失误，并有所改进的话，那么你就应该：永远不要再提此事。这是上上策！

（3）不要带着情绪去工作。这时即使你受到了极大的委曲，也不能把这些情绪带到工作中来，很多人会以为自己是对的，等着上司给自己一个"说法"，于是，正常的工作也中断了。由于很多工作是靠着众人协作才能完成的，你一旦停顿，就会影响工作的进度，拖别人的后腿，使其他同事对你产生不满，更高一层的上司原本对你可能只是误解，却由此可能对你真的不满意了。

这时，你必须告诫自己，克服自己的情绪，无论是在什么情况下都不要影响自己手头应做的工作。而有些人以不做工作来胁迫上司，这是极不理智的行为，只会使自己今后的处境更为不妙。

（4）利用轻松的场合淡化与上司的矛盾。如果你与上司有冲突，不可用敌对或是藐视的眼光看待对方，否则只会使自己今后的处境更加尴尬。即使是开明的上司也很注重自己的权威，都希望得到下属的尊重，所以当你与上司冲突后，最好让不愉快成为过去，你不妨在一些轻松的场合（比如会餐、联谊活动等）向上司问个好，敬杯酒，以表示你对他的尊重，上司自会记在心里，这样，他便会排除或是淡化与你的矛盾，同时也可向人们展示你的修养与风度。

即使是与上司进行了有效的沟通，取得了谅解，今后也要加强自身的修养，注意自己的言行。如果重复犯同样的错误，那么就有可能让前面的努力付诸东流。

7.少找借口多行动

那些喜欢发牢骚、闹别扭，生活在不幸中的人都曾经有过梦想，却始终无法实现自己的梦想，为什么呢？因为他们有找借口的毛病。

喜欢寻找借口的人或许会认为这样说会给他们的心理带来些许安慰，或许是出于一种自我保护的本能，但不管怎样，有一点是很清楚的，任何借口都是不负责任的，它会给对方和自己带来莫大的伤害。如果为了敷衍别人或为自己开脱而寻找借口更是不诚实的行为。

真诚地对待自己和他人是明智和理智的行为，有些时候，为了寻找借口费尽脑汁，不如对自己或他人说"我不知道"。这是诚实的表现，也是对自己和别人负责任的表现。这在某些方面恰恰是自信的表现。一个人在失去自信的时候，很容易为自己找很多借口，这其实是一种逃避行为。

在西点军校一直奉行着一种行为准则——执行命令，不要任何借口。西点的学员不管什么时候遇到学长或军官问话，只能有四种回答："报告长官，是。""报告长官，不是。""报告长官，不要任何借口。""报告长官，我不知道。"除此之外，不能多说一个字。这条准则就是要求每一位学员想尽办法去完成任何一项任务，而不是为没有完成任务去寻找任何借口，哪怕是看似合理的借口。目的是为了让学员学会适应压力，培养他们不达目的誓不罢休的毅力。它让每一个学员懂得：成功是不需要任何借口的，失败也不需要任何借口，你的人生也不是由任何借口来决定的。

如果员工都能用"没有任何借口"来严格要求自己，那么就能出色地主动地完成任务，并能创造卓越。

"没有任何借口"让每一个人懂得：工作中是没有任何借口的，失败是没有任何借口的，人生也没有任何借口。

默克是一个残疾青年，腿脚不方便，在车间里当普通的操作工。在一般人来看，默克是根本不适合干这种工作的，因为这个车间是流水线的程序，每一个员工应该非常迅速地掌握操作过程，熟练地把产品的插板焊接到一个部件上，然后按动按钮送给下一个人操作。如果稍有怠慢，就会影响整个车间的工作，流水线路堵塞会造成很大的损失。刚开始默克有点忙不过来，流水产品一个接一个在他的工位前停留下来，他急得满头大汗，由于他的行动不方便，拿焊接机的手有些不稳，甚至有时用不上劲，无法把螺丝准确地装在产品合适的位置上，领导对他发脾气，同事对他不满意，有的人还讽刺他说："你本来就不是干活的料，干脆回到家休息去吧！"

默克是个不轻易服输的青年，他决心用行动证明自己能干好这项工作，不但要干好，而且还要超越同事。虽然自己是残疾人，但他想自己没有任何借口向上司和同事要求特殊对待，顽强的斗志促使他付出加倍的努力来证明自己的价值。

于是，他比任何人都用心工作，早晨厂房门还未开，他就来到门口等着，手里拿着流水程序的操作技巧书，下班后，他一人仍然在研究这条流水程序的原理。同事说："你只管自己干好活就行了，还看什么其他的活是如何干的，真是傻瓜！"但是默克不听劝告，他知道只有勤奋地工作，每天多做一点点，每天多学习一些新东西，自己才会超越别人，千万不要为自己找借口。

在一年后的夏天，工厂由于产品的销路不好，于是宣布裁减人员并招聘新的厂长上任，重新调整厂内体制。大家一看厂门口的海报都愣住了，十分惊讶。因为默克不但没有被辞退，而且被提升为厂长，让他分管厂内事务。

上述事例是当今职场中比较常见的现象。无论你的身体状况如何，对任何工作都要尽心尽力，并要没有任何借口地追求卓越，这样你才能成功，因为企业老板不会因你的缺陷或能力有限而另眼看待。

8.用信任感激励下属的使命感

管理者一般都希望下属对组织有一种强烈的忠诚感。忠诚是相互的，如果管理者都能够信任自己的下属，就能够得到下属的这种忠诚。对一个企业而言，如果经理期望下属对自己忠诚，经理就必须对下属完全的信任。

如果你的领导怀疑你的能力时，你一定会不高兴，要找领导论理，脾气温和者从此会士气大消，如若是狭隘者，则会怀恨在心。这些问题不彻底解决，往往会闹起矛盾，给公司带来极不好的影响。因此，作为公司领导，一定要引以为戒，要有宽宏大量的气概，切记：展示信任，换取忠诚。

信任可以增强下属的责任感。作为管理者，只有对下属充分地信任，以信任感激励下属的使命感，下属才能更加自觉地认识到自己工作的重要性，才能在工作中尽职尽责。

信任可以增强下属的主动进取精神。《寻求优势》一书中有这样一句话："实际上，没有什么东西比感到人们需要自己更能激发热情。"信任就意味着放权，管理者因信任下属，也就敢于放权，下属得到了工作的主动权，就能放开手脚，积极大胆地进行工作，有所发明，有所创造。

信任可以使人才脱颖而出。人才的成长不仅在于他内在的素质，也依赖于外在的条件，"时势造英雄"这句话充分说明了环境条件在人才成长中的重要性。下属一旦受到上司的信任，就会产生一种自我表现的强烈欲望，充分调动自身的潜能，把工作干得好上加好，以赢得上司更大的信任。因此，选拔与重用是加速人才成长的重要途径。

信任可以留住人才。组织与组织之间的人员流动是正常的及不可避免的，但人才的流失，对组织是有害的。信任是管理者的良好品格，会像磁石一样吸引住人才；猜忌、多疑则是一种病态心理，最容易导致人才的流失。

刘备被曹操追至长坂坡，有人说赵云投奔了曹操，刘备马上说："赵云是知交故友乃忠义之士，在患难之际，决非二意。"结果，赵云救回后主而归。

对属下信任，他才能鞠躬尽瘁，因为你肯定了他的奉献，衷心欣赏他的才华，把他视为朋友、兄弟。作为领导，听信谣言或说三道四，无故怀疑下属的能力和才干，都是对工作不利的。

对下属的信任，可展示领导广阔的胸襟，能换取下属对你的信任与尊敬。领导信任下属，可刺激下属竭尽全力搞好工作、办好事情。谁也不愿在别人面前丢面子，显得自己无能，谁都想得到领导者的信任。所以领导的一言一行、一举一动都是取得下属忠心的有效措施。

当然，对下属体现信任，就是用人不疑。这个"不疑"是建立在自己择用人才之前的判定、考核基础上的。不用则罢，既用之则信任之。管理者只有充分信任下属，大胆放手让其工作，创造良好的前提条件让他独立地发挥才干，即委之以事，就要有放手让权的气魄，这样才能使下属产生强烈的责任感和自信心，从而激发下属的积极性、主动性和创造性。

战国时期，魏国的国君派大臣乐羊率军去攻打中山国。因为中山国国君的重臣乐舒恰是乐羊的儿子，所以朝廷中私论颇多，认为乐羊虽会打仗，但这次可不会全心全意为国尽忠了。乐羊到达中山国后，决定用围而不战的战术攻城，所以一连数月，不动一兵一卒。于是私论成了朝论，弹劾他的奏章像雪片似的飞到了魏文侯的手中。魏文侯不动声色，反而派遣专使带着礼品、酒食远道去慰问乐羊，犒劳他指挥的军队。流言愈益沸腾，魏文侯索性大兴土木，给乐羊建了一座漂亮的别墅。终于，乐羊按计划攻克了中山国，得胜回朝。魏文侯特意为乐羊举行盛大的庆功酒宴，并赏给了乐羊一个密封的钱箱。乐羊回到家后打开一看，不禁感动万分。原来，箱子里装的不是魏文侯赏给他的金银绸缎，而是满满一箱在他攻中山国时大臣们弹劾他的秘密奏章。乐羊这才明白，如果不是魏文侯的全力庇护，不是魏文侯对他的这种超乎寻常的信任，不要说攻打中山国的任务不能完成，就是自己的性命，恐怕也难以保住了。

做到用人以信、用人不疑并不是那么容易的，除了能运用自己的权力给人创造发挥才干的条件外，还要能在流言如矢的情况下，持信而不移；并且在遇到困境时，能与下属共患难；并不只是以消极的态度等待其发挥才干、创造佳绩，而是以积极的态度参与其中，增强其信心，扶助其毅力，以其事代其成，因此，这种用人以信的品德，同时也体现为宽广的胸怀、临难不苟的气度、高瞻远瞩的眼光。这当然是为政者的一种素质了。士为知己者死，女为悦己者容。用人用到魏文侯那样的水平，是不会发愁求不到贤才的。

所以说，一旦决定某人担任某一方面的负责人后，信任即是一种有力的激励方法，其作用是强大的，最能换来员工的忠诚。

试想一下，使某人担任某职，又怀疑他的能力，对其不放心，将会出现一种什么情况？试想一下，在你的公司里，如果员工得不到你起码的信任，其精神状态、工作干劲又会怎样？

身为公司领导，要有信任下属、团结下属的精神。如何做到展示信任，换取忠诚呢？

（1）将心比心，为下属着想。领导对下属要正确对待，一就是一，二就是二。下属有时也会与领导思想不统一，有时也可能不接受领导分派的任务，也可能把任务完成得不好，这都是正常现象，对领导者来说不要立即认为下属是不服从领导，不愿合作。而要先冷静下来，替下属着想，下属也是人，也有思想情绪，当领导的就要了解情况，和颜悦色地了解清楚后再作决策。

（2）让下属放开手脚工作。因为领导者对下属了如指掌、信任下属，所以才会安排某一职务，负责某项工作。既然是这样做，就要对下属放心，除在有阻力或处理不了的问题上加以指导外，不要经常指手画脚，婆婆嘴，使下属为难；也不要让下属袖手旁观在一边休息，自己去蛮干下属应当干的活。

（3）表里如一让下属安心。领导要与下属打成一片，与下属交心、谈心。沟通思想、交换意见等应当面说，不要在背后议论是非。领导不能对下属说怪话、坏话，或无理训诉。受领导信任者在工作取得成绩时，往往被人嫉妒，那些嫉妒他的人可能会散布流言蜚语，造谣惑众，领导者更应该慎中有慎。总之，用人的技巧很重要。作为一名领导，信任是你网罗人心，推进上下级关系的法宝，为关系融洽，使整个公司一片生机，你就要选出你信赖的人。

9.背后议论上司要不得

凡事都要有分寸，说话要有分寸，谈论事情要分场合，议论他人要看对象。一次无心的议论也许会变成他人的成事跳板，对自己无疑有百害而无一利。因此说话办事应量力而行。

许多人都有一个通病，就是在闲暇的时候喜欢议论他人，但是千万要记住，议论也要分场合和对象。在午休时，或是在闲暇的时候与同事聊天，不注意了关于上司和公司的坏话，说不定就会传到上司的耳中，上司对你的态度就会有很大的转变。这种事在现实生活中确实不少。这就是人们常说的"祸从口出"。所以，和同事不能议论上司，一定要注意这一点。

同事之间聊天、说话时要把握好尺度，不要全部交心，即使是关系非常要好的同事，相互发一些有关上司的牢骚，也是不明智的行为。同事之间应该多聊一些能相互勉励、相互促进的话题。

在工作过程中，每个人考虑问题的角度和处理问题的方式难免有差异，因此有些人会对上司作出的一些决定有看法，有时甚至满腹的牢骚也是难免的，但要记住，即使这样也不能到处宣泄，否则经过几个人的传话，即使你说的是事实，也有可能被别人传"变调""变味"，待上司听到了，便成了让他生气、难堪的话了，这时，他难免会对你产生不好的印象。

刘丽是一个性格十分开朗的女生，来到新单位没多久，就成了办公室里的

"开心果"。一天她和同事下班回家，看见上司的车里坐了一个年轻漂亮的女孩。第二天，刘丽就在办公室大声公布了她的新发现。两天以后，上司把她叫到办公室，告诫她以后在上班时间少说与工作没有关系的事。刘丽闷闷不乐地回到自己办公的地方，更让她伤心的是，没有一个人过来安慰她。

后来，刘丽逐渐发现，其实办公室里除了她，别人几乎很少说与工作无关的话，更别说提及别人或自己的私事了。这样一来，只要刘丽不开口说话，办公室里几乎是死气沉沉的。刘丽不明白，为什么大家之间的关系那么冷漠，处事都那么小心谨慎。

工作中往往很难避免一些人间的闲谈，这些在别人背后的闲谈，比如，上司喜欢谁？谁最吃得开？哪个上司又有绯闻，等等，往往会像噪声一样，影响人的工作情绪。聪明人要懂得，该说的就勇敢地说，不该说的就绝对不要乱说。

听到同事在议论上司时，首先应以善意的态度劝告他们不要背后议论上司，不要扩大议论的范围，更不要以讹传讹，有意或无意地贬低上司或损害上司的形象；其次应尽量回避对上司的议论，不得已作评价或说明时，也只宜点到为止，不要主动挑起话题，更不要添油加醋，以免引起不必要的猜测和误解。在这个问题上，自己要有主见，要有一种不怕孤立的精神，而不要人云亦云，毫无根据地在别人（特别是上司）背后对其议论。

10.做一个"迟钝"的人

人们常说，做人不妨有点"迟钝"，其实质是保持我们单纯、诚实、正直的品行。这种"迟钝"实则是大聪明——脱离了狡黠的动物习性的真正的聪明。

头脑太聪明、太精明的人，通常都很难应付。由于这种人往往会不论什么事情都事先预计好，所以总会给人以松懈不得的感觉。同时，这种人往往一发现别人的缺点，便会立即指出来，即使没有当场表明，也会让对方感到很不舒服，于是使人警戒之心油然而生。这种让人随时心生警戒的人，怎么会有魅力可言呢?

所以,如果领导者的表现过于敏锐,便会成为使部下充分发挥所能的障碍。如果领导者能稍微掩饰一下自己的锋芒,使部下的能力得以充分发挥,就能成为魅力十足的成功领导者。

领导者必须从部下身上得到以自己的立场无法思及的想法,同时也要让部下在自己无法照顾到的方面充分发挥才行。如果领导者的作风太过敏锐、精明,与之接触的人往往会受其指责,如此一来,部下当然不会轻易将自己的真正想法告诉领导者,并将自发性的活动压抑下来。如果领导者虽没有实际采取指责部下缺点的行动,但平常所表现的行为过于敏锐,部下也会自然畏缩,因为他们的内心会认为:"我何必自找麻烦,以致被上司挑毛病。"

作为下属,不要一味地强出头,不管合不合适,时时处处显露精明的人,往往不仅不会对自己有帮助,而且会加强他人对自己的防范感。

作为领导不可以太露精明,作为下属更要"迟钝"一些。

一位台湾朋友曾讲过这样一个故事:

当我在一家百货公司上班时,曾经为了和某大企业家缔结合同而拜访过好几次对方的府邸。

该企业家虽然是万贯家财的大富翁,但却非常小气。很多家百货公司也曾经试着和他打交道,但都不得要领,因而没能成功合作,我所在的公司中大多数人也都认为要使他成为百货业的客户是不可能的。但是,既然公司老板下令"去看看!"我也只好来回奔波。某一天,不知道对方吃了什么开心果,对前去拜访的我说:"嗯,上来吧!"终于,我可以"登堂入室"了。原以为这一次该有好的回音了,事实却不然。大概是穷极无聊吧,"当我还年轻的时候……"这个古怪老头儿(该大企业家)突然开始滔滔不绝地说起他如何从一介平民奋斗成为大富翁的经历。这一番话足足说了两个多钟头。客户的家是日本榻榻米式格局,对方正襟危坐,我当然也不能直膝或盘腿而坐,刚开始我还能频频点头,注意地听,后来脚实在觉得酸疼,他的话已经变成马耳东风。30分钟后脚已经麻痹,过了一个钟头,额头直冒冷汗。

"今天就到此为止吧！"这个古怪的大富翁说完就站起来，我也打算站起来，不料下半身整个麻痹，一不留神"嘭"的一声跌得四脚朝天！大概是发出相当大的碰撞声吧，女佣吓了一大跳，赶忙跑过来说："发生了什么事？"

那个古怪富翁看见我这个大男人竟然跌地不起，"真是个没用的东西！"他嘴上说着却笑得合不拢嘴。

古怪富翁终于成为我们公司的客户，这是因为怜惜我这个"没用的东西"的结果。

一般来说，伟大的人都喜欢"迟钝"的人，记住这一点是不会错的。

任何领导都有获得威信的需要，不希望下属超过并取代自己。因此，在人事调动时，如果某个优秀、有实力的人被指派到自己的部门，上司就会忧心忡忡，因为他担心某一天对方会抢了自己的权位；相反，若是派一位看似平庸无奇的人到自己的部门，他们往往会很踏实。

俗话说："出头的椽子先烂。"过于显露自己的才能和智慧，过分地招摇，首先会招致对自己的损害，尤其是受到有妒忌之心的小人的攻击。忍耐住这种自我显示的心情，一则能使自己谦虚向上，二则可以安他人之心，保护自身不受损害。此外，在很多时候，上司需要并提拔那些忠诚可靠但表现可能并不是那么出众的下属，因为他们认为这更有利于他们的管理。

因而，聪明的下属往往会适当掩饰自己的实力，以自己的"愚笨"来反衬领导的高明，力图以此获得领导的青睐与赏识。

11.又打又拉，唱好红白脸

在京剧里，按照各种不同的角色，演员在脸上涂有特定的谱式和色彩以寓褒贬。其中红色表示忠勇，白色表示奸诈。不同的脸谱显示了不同的角色特征。关系学中的"红白脸相间"借用了京剧脸谱的名称，但其实质要比京剧中简单化的脸谱复杂得多，它是宽猛相济、恩威并施、刚柔并用的综合，是一种高级"统驭术"。

高明的企业领导深谙此理，为避此弊，莫不运用红白脸相间之策。有时两人连档唱双簧，一个唱红脸，一个唱白脸；有更高明者，可像高明的演员，根据角色需要变换脸谱。今天是温文尔雅的贤者，明天变成杀气腾腾的武将。历史上不乏此类高手善用此法之例证。

三国时期，蜀国南方诸夷发动叛乱。蜀相诸葛亮深知南中之事不仅关系到蜀汉后方的稳定，同时也关系到北伐大业，于是就下决心亲自率军远征。

此次出兵，诸葛亮兵分三路，沿途平定零星叛军，主力行至益州郡。孟获为叛军头领、少数民族首领，在南中地区很有威信和影响。当诸葛亮听说孟获不但作战勇猛，而且在南中各个地区的部族人民中都很有威望时，想到如果把他争取过来，就会更好地解决少数民族和蜀汉政权的关系，消除南中时常叛乱的根源，会使蜀国有一个安定的大后方。诸葛亮深知孟获的个性，他认为对孟获应以攻心为上，攻城为下；心战为上，兵战为下。不可专用武力，而应注意征服他们的心。于是，他决定"唱一次红白脸"，下令只许活捉孟获，不得伤害。

当蜀军和孟获的部队初次交锋时，诸葛亮授意蜀军故意退败，引孟获追赶。孟获仗着人多势众，只顾向前猛冲，结果中了蜀军的埋伏，被打得大败，自己也成了俘虏。当蜀军押着五花大绑的孟获回营时，孟获心知此次必死无疑，便刁钻使横，破口大骂。谁知一进蜀军大营，诸葛亮不但立即让人给他松了绑绳，还陪他参观蜀军营寨，好言劝他归降。孟获野性难驯，不但不服气，反而倨傲无礼，说诸葛亮使诈。诸葛亮毫不气恼，放他回去，二人相约再战。

孟获回去之后，重整旗鼓，又一次气势汹汹地进攻蜀军，结果又被活捉。诸葛亮劝降不成，又一次把孟获送出蜀军大营。孟获也是个犟脾气，回去又率人来攻打蜀军，并同时改变进攻策略，或坚守渡口，或退守山地，却怎么也摆脱不了诸葛亮的控制。一次又一次遭擒，一次又一次被放。

到了第七次被擒，诸葛亮还要再放他走，孟获流着泪说："丞相对我孟获七擒七纵，可以说是仁至义尽，我打心眼里佩服，从今以后绝不再提反叛之事。"

结果，诸葛亮"唱"的这次"红白脸"使孟获回去之后，说服各个叛乱部落全部投降，南中地区重新归属蜀汉控制。自此，蜀国的大后方变得稳定，南方各族人民也得以休养生息，安居乐业。

统治者需应付的事、需对付的人各式各样，所以只有一手是不行的。红白脸相间也就是一文一武、一张一弛，要刚柔相济、恩威并施，各尽其用。任何一种单一的方法只能解决与人相关的特定问题，都有不可避免的"副作用"：对人太宽厚了，便约束不住，结果使对方无法无天；对人太严格了，则万马齐喑，或毫无生气，有一利必有一弊，不能两全。

使用红白脸相间术的高手要算清朝的康熙皇帝了。清初，汉族作为一个被征服的民族，政治地位非常低下，备受满族人歧视。这种民族歧视的存在，使不少汉族官员心怀怨恨，苟且推诿，不肯尽心为朝廷效力。康熙皇帝为了安抚汉族官员，从形式上消除了明显的歧视，一再声称"满汉皆朕之臣子"，宣布"满汉一体"划一品级，满汉大小官员只要职位相同，其品级也就相同。康熙皇帝对官员的一视同仁极大地减少了汉族官员的不满。康熙皇帝还大批任用汉官担任封疆大吏。

康熙皇帝对他所信任的汉族大臣，往往也能推心置腹，深信不疑。康熙皇帝曾非常信任儒臣张英，几乎到了形影不离的地步，经常在一起讨论一些军国大计以及生活琐事，时人评论说他们"朝夕谈论，无异生友"。康熙皇帝还强调"君臣一体"，时而还邀请汉族大臣到禁苑内和他一起游玩、垂钓。受邀请的大臣自然将此视为莫大的荣幸，从而对康熙皇帝更忠心耿耿了。

但是，康熙皇帝对汉族官僚士大夫、知识分子也还有防范的一手。他经常用一些心腹之人监视地方官吏和当地人民。他们这些人不断用密折向康熙皇帝报告各地的民情和官场情况，督抚等大员的举动更是监视的重点。

残酷无比的文字狱就是起始于康熙年间。明朝灭亡后，有不少的明朝遗民使用种种方法发泄对清政权的不满，其中发表文章是一个十分重要的方式。康熙皇帝对他们采取了极其严厉的镇压措施，从清查对清朝不满的明朝遗民开始，在全国展开了大规模的搜捕活动。许多人因此而被株连，成百上千的人被投入监狱，甚至死去的人也未能逃脱处罚。一时间恐怖气氛弥漫全国，人人噤若寒蝉，不敢稍微流露一点对朝廷的不满。

康熙皇帝是我国历史上一位很有作为的皇帝，他英明果断、文武双全。对汉族士大夫知识分子实行的是恩威并施，以拉为主，而又加以防范的政策。这才制止了汉族士大夫们的分裂倾向，从而巩固了清朝的统治基础，保证了国家的长治久安。在他的治理下，清朝迅速强盛起来，进入鼎盛的康乾盛世时期。

12.办公室里要注意的言行细节

在办公室中导致同事关系不够融洽的原因很多，平时不注意自己的言行细节是其中之一。有些言行是会影响同事间关系的。以下给大家做一个全面的提示。

（1）不要明知却推说不知。同事出差去了，或者临时出去一会儿，这时正好有人来找他，或者来电话找他，如果同事走时没告诉你，但你知道，你不妨告诉来电或来访者；如果你确实不知道，那不妨问问别人，然后再告诉对方，以显示自己的热情。如果明明知道，而你却直通通地说不知道，一旦被人知晓，那彼此的关系往往会受到影响。外人找同事，不管情况怎样，你都要真诚和热情，这样，外人会觉得你们同事间关系很好。

（2）不要有好事不通报。单位里发物品、领奖金等，如果你先知道了，或者已经领了，一定不要一声不响地坐在那里，像没事似的，不向大家通报一下。有些可以代领的东西，应帮同事领一下。否则，时间长了，别人就会有想法，会觉得你不合群，缺乏共同的意识和协作精神。以后他们有事先知道了，或有东西先领了，往往也会不告诉你。如此下去，彼此的关系就不会和谐了。

（3）可以说的私事。有些私事不能说，但有些私事说说也没有什么坏处。比如你的男朋友或女朋友的工作单位、学历、年龄及性格脾气等；如果你结了婚，有了孩子，还可以说说有关爱人和孩子方面的话题。在工作之余，这些都可以顺便聊聊，它可以增进了解，加深感情。倘若这些内容都保密，从来不肯与别人说，同事是很难与你亲近的。无话不说通常表明感情之深；有话不说，则表明人际距离的疏远。你主动跟别人说些私事，别人也会对你说，有时还可以互相帮帮忙。你什么也不说，什么也不让人知道，同事就很难了解你，同事与你不能相互了解，你也不能得到同事的信任。信任是建立在相互了解的基础之上的。

（4）不要进出不互相告知。你有事要外出一会儿，或者请假，虽然批准请假的是领导，但你最好要同办公室里的同事说一声。即使你临时出去半个小时，也要与同事打个招呼。这样，倘若有领导或熟人来找，你也可以让同事帮你说一声。如果你什么也不愿说，进进出出神秘兮兮的，有时正好有要紧的事，同事就没法说了，受到影响的恐怕还是你自己。互相告知，既是共同工作的需要，也是联络感情的需要，它表明双方互有的尊重与信任。

（5）不要经常和同一个人说悄悄话。办公室有好几个人，你对每一个人都要尽量保持平衡，尽量始终处于不即不离的状态，也就是说，不要对其中某一个人特别亲近或特别疏远。在平时，不要老是和同一个人说悄悄话，进进出出也不要总是和一个人。否则，你们两个亲近了，但疏远的人可能会更多。此外，如果你经常和同一个人"咬耳朵"，别人进来又不说了，别人难免会产生你们在说他坏话的想法。

（6）不肯向同事求助的做法是不对的。轻易不求人，这是对的，因为求人总会给别人带来麻烦。但任何事物都是辩证的，有时求助于别人反而能表明你对别人的信赖，这能融洽关系，加深感情。比如你身体不好，你同事的爱人是医生，你不认识，但你可以通过同事的介绍去找其爱人，这样一来，在你得到治疗的同时，还拉近了你与该同事间的关系。良好的人际关系是以互相帮助为前提的。因此，求助于他人，在一般情况下都是不会遭到对方的拒绝的。但要注意讲究分寸，尽量不要使人家为难。

（7）不要经常拒绝同事的"小吃"。同事带点水果、瓜子、糖之类的零食到办公室，休息时请同事分享，不要因为难为情而一概拒绝。有时，同事中有人获了奖或评上了职称什么的，大家高兴，要他买点东西请客，这也是很正常的，对此，你要积极参与，而不要冷冷地坐在旁边一声不吭，更不要人家给你，你却一口回绝，表现出一副不屑或不稀罕的神态。如果同事热情分送，你却每每冷漠拒绝，时间一长，同事就有理由说你清高和傲慢，觉得你难以相处了。

（8）不要在嘴巴上占同事的便宜。在与同事相处中，有些人总想在嘴上占便宜。有些人喜欢说别人的笑话，占别人的便宜，虽是玩笑，也绝不肯以自己吃亏而告终；有些人喜欢争辩，有理要争理，没理也要争三分；有些人不论国家大事，还是日常生活小事，一见对方有破绽，就死死抓住不放，非要让对方败下阵来不可；有些人对本来就争不清的问题，也想要争个水落石出；有些人常常主动出击，人家不说他，他总是先说人家，这些都是与人交往中的大忌。

（9）不要热衷于探听家事。能说的人家自己会说，人家不愿说的就别去问。每个人都有自己的秘密。有时，人家不小心把心中的秘密说漏了嘴，对此，你不要去打听。有些人热衷于探听，事事都想了解得明明白白，这种人是要被别人看轻的。你喜欢探听，即使什么目的也没有，人家也会忌你三分。从某种意义上说，爱探听人家私事，是一种不道德的行为。

第七章 婚姻家庭进退之道：
端平手中这碗水，就能念好这本经

　　家庭是幸福的摇篮。懂得家庭之道就可以享受家庭的乐趣，那就意味着，双方能互相鼓励，互相合作，邻里和睦相处，以实现健康而有创造性的家庭生活。在这样的关系里，子女能够从中体会真正的温暖及互敬互爱。这样家庭就会成为播撒幸福和创造幸福的中心。

1.别让婚姻成为爱情的坟墓

从相遇、相知到相爱，直到双方步入婚姻的殿堂是不容易的。然而有一句话却是这样说的：不要跨进婚姻的坟墓。为何甜蜜、相爱的恋人结婚后就有可能跨入婚姻的"坟墓"呢？这主要还是双方不懂得如何经营婚后的生活所致。

小贾和小林婚前甜蜜恩爱，热恋中的人经过一些挫折终于结合，并以期长相厮守。然而婚后生活压力大，两人都要忙着挣钱，每天晚上两人都要加班很晚才回家，职场的竞争异常激烈，心中的苦闷又无处可诉，所以，两人常常在晚上拖着疲惫的身体回家，互相抱怨，时日一长，往日的甜蜜恩爱竟化作了彼此间的无限怨恨。如今，两人都开始逃避这个家庭，常常夜不归宿。在他们的心底，是渴望婚姻走向永恒的，然而当没有了激情，连他们自己都有些怀疑这座婚姻城堡的牢固性。

其实，这是一种很典型的婚后心理失调现象，这样的事例在现实生活中还有很多。由潇洒的单身贵族步入两人世界，生活发生了很大变化。往日的卿卿我我、如胶似漆，在婚后本应更加柔情似水、甜甜蜜蜜。但在蜜月以后，生活回到了现实，心理疲劳感、失落感和空虚感接踵而至。两人结合组成家庭后，互相间有了某些约束，再加上曾经理想婚姻生活的破灭，对新生活的不知所措，以及单调的生活及家庭人际关系的复杂性等原因，使生活的矛盾油然而生，蜜月的激情被冲淡，婚后心理失调随之产生。为了使婚姻更加美满，夫妻双方就需要从各方面施展技巧，学会经营婚姻，及时进行心理调整，使夫妻恩爱如初，双方的感情永不衰退。

婚后的夫妻双方首先要学会坦诚相处，坦诚相处是一种使人奋发向上的力量，有助于夫妻双方在思想上和感情上达到和谐一致，坦诚是双方心理活动上的一种互相补偿，这样双方才能产生一种温暖、协调的健康心理。因此，夫妻间应坦诚相处，做到互敬互爱，相互关照。

经常交流也是保鲜夫妻感情的有效方法。婚后的夫妻间要经常坐下来沟通思想，交换生活的心得，彼此倾诉自己的苦恼和烦忧。特别是在逆境的时候，最需要的就是亲人的慰藉。一句同情的话语，一个鼓励的眼神，都会减轻对方的心理压力，增强战胜困难的信心和力量，真正做到患难之中见真情。

每个人都有自己的个性，两个人无论有多相似，也都有各自的不同之处，所以要保持夫妻感情和睦，就必须尊重对方的个性特征。夫妇中有的丈夫生性爱动，在外闯荡多年，在家待不住。而妻子生性爱静，社交面窄，希望丈夫终日在家陪着她。每次丈夫兴尽归来，妻子总会一脸不高兴，有时还使点小性子，做丈夫的如果受不了，就可能发生争吵。一个善解人意的妻子或丈夫，应该尊重对方的个性特征，不要把自己的意志强加给对方，要给对方保留一定的自由空间。这样，婚姻就不是一种禁锢，而是既可充分发挥各自的个性特征，又可互相依恋的温馨之家。

契诃夫说过："婚后生活中最重要的事就是忍耐。"当对方发脾气或发出挑衅信号时，最好采取忍耐和避开的方式，或设身处地了解其原因，帮助对方从焦躁中解脱出来，而不要让自己的情绪受对方的影响也处于恶劣状态。

婚后的生活中虽然不乏需要两人共同协商的大事，但更多的是柴米油盐之类的日常琐碎之事。夫妻关系的平等交往表现在家务的共同分担上，主动承担家务的一部分，是丈夫爱护妻子、妻子体贴丈夫的具体表现，因此，做丈夫的应主动承担一部分家务。如果需要对方出力，也最好把指令式的"你来做"换成亲切的"帮帮忙"。

用自己的温情感化对方也是增进夫妻感情的好方法。比如下雨天，丈夫主动打伞去车站接妻子；丈夫灯下夜读或写作，妻子悄悄送上一杯热茶、热奶。这种增进感情的做法，往往会使对方从心底感动。

在日常的夫妻生活中，巧用暗示的方法有助于化解双方的矛盾。比如两人的矛盾确实是自己的过错所致，不妨第二天去更正，以向对方示意自己让步，并表示歉意。

此外，当对方倾诉某些事情或征求意见时，要耐心听下去，切忌不耐烦或答非所问，不要打断对方的谈话，也不要以通牒式的语气教训对方。

金无足赤，人无完人。每个人都有不足之处，不要以挖苦的方式挑毛病，有客人在场时更不要这样，以免让对方难堪，伤对方的自尊。如果对方确实有缺点和失误，耐心说服为好。与此同时，过去各自有的恋爱史不要再旧事重提，信件等也应毁掉，以免节外生枝。

幽默也是一种处理好夫妻关系的润滑剂，在适当的时候，恰到好处地开个玩笑，很自然地做个滑稽动作，用爽朗的笑声驱除紧张气氛，赶走不良情绪也是婚后生活中所必不可少的。

2.家庭生活需要幽默

两个人从相识到结为夫妻，只是婚姻生活的起点，幸福的生活更需要两个人的精心呵护。在夫妻生活中，幽默常常会收到意想不到的效果。以善意的微笑代替抱怨，避免争吵，给人带来欢乐，消除烦恼，使夫妻关系得以调适，使家庭生活充满快乐。

来点幽默，让幽默为家庭着色，你的家庭定是一派春色。

（1）幽默能消除矛盾。夫妻生活中不可能没有矛盾，有了矛盾怎么办？只有设法从积极的方面去处理。有这样一对夫妻，在争吵高潮中妻子说："天哪！这哪像个家呀！我再也不能在这样的家里待下去了！"说完收拾好自己的行李就走。她刚出门，丈夫就在后面喊："等一会儿，咱们一起走！天哪，这样的家有谁能待下去呢？"丈夫也收拾好自己的行李赶上妻子，并接过她手中的行李，于是两人在外面转一圈后，又回到家中，回来后就像刚度完蜜月一样。

（2）幽默可以代替责备。夫妻生活中的说话是很有讲究的，同样是一句话，如果说法不一样，其效果也就相差甚远。有一对夫妻，妻子晚上睡觉前总是唠叨个没完没了，她丈夫天天早晨都不能按时起床。一天，妻子对丈夫说："你应该买个闹钟。"丈夫说："不用买！你不就是现成的闹钟嘛！"几句幽默的话，就把妻子的缺点暗示出来了，两人在"和平"中解决了矛盾。

（3）幽默能带来快乐。夫妻生活中不仅需要温柔和不断激荡的热情，也需要有丰富的情感和智慧来完善、丰富家庭生活。有位丈夫，气喘吁吁地跑回家，得意地对妻子说："我一路跟在公共汽车后面跑回来，这样一来，我就省了1元钱。"妻子说："那你为什么不跟在出租车后面跑？那样不是可以省10元钱吗！"

（4）幽默可以对付尴尬。在处境极其不好的情况下，恰到好处地运用好幽默语言，能转危为安。古希腊伟大的哲学家苏格拉底的妻子脾气暴躁。有一次当苏格拉底正和他的学生们讨论学术问题的时候，他的妻子突然闯了进来，不由分说就大骂一通，随后又提起装满水的水桶猛地浇了过去，把苏格拉底的全身都弄湿了，学生们以为老师一定会勃然大怒。然而出乎在场的所有人意料之外的是，苏格拉底笑了笑，幽默风趣地说道："我是知道的，打雷过去，一定会下雨的。"大家听了，都捧腹哈哈大笑起来。苏格拉底的妻子自知无趣，害羞地退了出去。

（5）培养你的幽默。一般说来，夫妻之间的幽默应该具有以下几个条件：

①要有乐观的性格。有的人在生活中遇到不如意的事，缺乏信心，缺乏一分为二的处世态度。因此，在感情中除了高兴，就是哭泣。这样的人是很难有幽默感的。

②要有广博的知识。没有广博的知识，就不会将感情的"焊点"联结起来，就不会产生幽默感。

③要掌握一定的语言技巧。幽默的语言中，运用了大量的修辞手法。没有坚实的语言艺术作基础，幽默就成为一种虚伪的笑料。

美国《今日心理学》杂志宣称：一齐发笑的夫妻，通常能维持到永远。一项心理学研究成果表明，幽默感相同的人较易相爱和共结连理。学会幽默，使夫妻之间充满欢笑，就能使生活充满阳光。当你和自己的爱人在一起的时候，你应该运用自己的幽默力量，妙语横生，引人发笑，调整家庭气氛，消除疲劳和忧郁，使家中到处都流淌着笑声，到处都充满爱意。

家庭生活需要幽默，我们相信，不论在什么情形中，一对善用幽默来润滑生活这个大轮子的夫妻，他们获得的安宁比那些整天吵闹不休的家庭要多得多。

3.让距离为婚姻保鲜

手上的沙子握得越紧，流失得就越快，夫妻之间也是一样，让彼此有一个自由的空间，这会使你的婚姻生活更加完美。

男女恋爱时，有人说好的跟一个人似的，一天几十个电话不说，饭一块吃，路一块走，书一块看，形影相随，如痴男怨女，爱得死去活来、轰轰烈烈，让人感动至深。可是，结婚后，男人就像换了一个人似的，结婚前答应每周看一次电影，现在一个月看一次就不错了；答应下班和自己一块去逛商店的他，却和朋友喝酒到深夜，不催根本就不想回家；自己精心准备了一天的晚饭，对方回家吃上几口，心不在焉说几句"这个咸了，那个淡了，这个萝卜没洗干净，那个菜油太多了"，吃完饭把碗一推就去抽烟、看球了。你总想跟他聊聊，谈谈他的工作、你的衣服，还有周末陪你回娘家的事，可你刚说上两句，他就直跟你嚷嚷。这时，我们会觉得婚姻生活把自己搞得筋疲力尽，婚姻生活由浓浓的咖啡变成了索然无味的白开水，你心里也在嘀咕："他是否不再爱我了？他是否有别的女人了？"于是你可能会对他盯得更紧了，嘘寒问暖事事操心，不过他好像更反感了。难道真应了那句：婚姻是爱情的坟墓？

事实上，男人忙完一天的工作，交际应酬迎来送去大多已经使其筋疲力尽了。回家好不容易想落个清静，彻底放松一下。这时，如果你再黏住他，他心情不好是自然的了。同时，这爱情犹如橡皮筋，不能总是绷紧了不放松。爱情亦如人大脑的神经系统，时间长了一定是要歇一歇的。年轻男人步入婚姻后，总想保持恋爱时的浪漫和甜蜜，又想衣食无忧、无牵无挂。实不知柴米油盐酱醋茶，样样要操心，而他操心完家里的事情更要操心工作上的事，这时如果你再不分时机黏住他，后果可想而知了。况且，爱情不可能总是处于"巅峰"状态，夫妻的爱情是一种平平淡淡的感情，但是，这种感情并不排斥高潮的出现。这时，女人最好能与男人保持一段距离，适当分别一阵子会更好。

夫妻之间适时保持一段距离的好处在于：夫妻的短暂分离使爱情暂时处于一种相对平静的环境中，如人疲惫后歇歇脚一样，醒来了，精力更充沛。爱情打个盹儿后，在双方各自的心中会形成对爱人的一种悠悠思念，好像男女回到了恋爱的时候。因而，爱情的形成亦需要更新，若总是如新婚前后那样形影相随，如胶似漆黏在一块，两人早晚会产生倦怠心理的。尽管爱情是我们生活中的重要内容，但绝非唯一的内容。更多的时候，夫妻双方还要承担更多的责任，夫妻双方要腾出精力来实施自己的义务。如照顾双方家里的二老、抚养后代等，都要有个计划。同时，还要承担对社会的一份责任，为社会作出自己应做的贡献。爱情是维系于生活现实中的，爱情是不能脱离生活的。解决了婚姻家庭中的许多实际问题，爱情才有所附着。

许多人都有过这样一种共同的体验——距离产生美。人若长期接触同一事物、同一工作，就会产生疲劳感，即使是一首很美妙的音乐、一幅很美的图画，如果你每天听、反复看，原先的美感也会逐渐消失。同样，如果婚姻生活每天重复着同样毫无变化的日子，两人天天黏在一块，彼此就会产生厌倦。所以，不要时刻黏在一起，适当地保持一段距离，对两人的感情历久弥新是很有助益的。

很多婚姻出现问题，甚至最终导致离婚，并不是因为第三者等外部因素，而是夫妻双方自身的问题。有不少这样的女人，她们对丈夫一向奉行"高压和管理政策"，一方面她们不甘心平淡，希望丈夫成为人上人，于是想方设法、旁敲侧击地施压，给予对方很大压力。

有一些女人望夫成龙，同时还想牢牢地抓住丈夫：为了支持丈夫的事业，放弃了自己的工作，使自己失去事业依托，而丈夫事业有成后，更是将其人生所有的重心和希望都寄托于婚姻。然而，因为过分地干涉对方的空间，越想抓牢婚姻，就越是抓不牢，可以说正是这种心态导致了其情感上的失败。

　　一般情况下，在丈夫真正成了气候之后，女人往往自己还在原地踏步，于是便有了危机感，拼命想"抓紧"婚姻，比如干涉丈夫的生活，除了管生活小事，还要管他的钱包、查看他的短信，就连对方的工作都恨不得插一手，管来管去，两个人的感情就越来越糟，可是她们往往意识不到自己有什么问题，反而觉得理所应当，她们认为自己为这个家、为对方付出了一切，当然应该享受这份婚姻，享受到丈夫更多的爱，更可怕的是因为对自己缺乏信心，害怕失去对方，便无休止地怀疑和猜忌。

　　可是，她们忘了，她们的爱已经成了一种沉重的枷锁，套在了男人的身上，对方已经感觉不到一丝爱的甜蜜。其实，女人看重婚姻本没有什么错，只是当越想牢牢地掌控婚姻，拴住男人的时候，婚姻就越容易出现危机，男人反而会离你越来越远。其实婚姻中的男女，应该是独立的个体，拥有自由的私人空间、拥有自己的朋友、自己的爱好、自己的事业。不能因过分依附于对方，而失去自我。在感性的爱情里也不要忘记留存一点理性的生活空间，不要试图去主宰什么，因为这世上没有任何一个人愿意成为他人的傀儡。下面这个小故事很好地说明了这个道理。

　　一个女孩问她的母亲："在婚姻里，我应该怎样把握爱情呢？"母亲没说什么，只是找来一把沙，捧到女儿面前，女儿看见那捧沙在母亲的手里，没有一点流失，接着母亲开始用力将双手握紧，沙子纷纷从她的指缝间滑落，握得越紧，漏下的沙子越多，待母亲再把手张开时，沙子已所剩无几。女孩看到这里，终于领悟到什么似的点点头。

　　婚姻的道理与此相似，要想让婚姻长久、美满、幸福，那就不要每天"盯着""看着""防着""握着"，应该是别把婚姻"抓"得太紧！夫妻间有所保留，这不能视之为对爱情的不忠，这是一种夫妻相处的艺术。夫妻就像两只相互依靠、彼此取暖的刺猬，远了，温暖不到对方；近了，会被对方身上的刺扎到。因此夫妻间应在一次次冲突之后，慢慢调整距离。

　　某一天的早晨，孟先生在临出门之前，突然说他今天要和朋友出游。以往，孟先生去哪里，孟太太都不多过问，他也会随口告诉她。可这一次，孟先生招呼不打一声就宣布出门，孟太太有些生气。"出游这件事，一定是事先约好的，至少前一天就约好了，他为什么不说一声？他还有多少事瞒着我？"孟太太心里不悦，拦着孟先生要让其说清楚。孟先生心里着急，嚷嚷道："我的吃喝拉撒睡，是不是都得向你汇报？"然后摔门而去。

孟太太开始赌气，在接下来的好几天里，不管是晚回家、和朋友吃饭、还是去娘家，一概不告诉孟先生，也闭口不问他的一切事情。孟先生终于忍不住了，跟孟太太说："我现在才知道，你丝毫不在意我。是吗？"

"你不是说吃喝拉撒睡都不用向我汇报吗？"孟太太狡猾一笑。孟先生一愣，也笑了起来。此后，孟先生有事外出都会先说一声，让孟太太放心。

我们吃饭，往往都会适当少吃一点，以至于不会使胃部感觉不舒服。同样，对待感情，夫妻之间的要求也要"半饱"为好，彼此都有空间才不会那样局促无奈。空间的距离很好测量，心理的距离却难以把握。爱情的安全线，恰恰是看不见且不摸不着的心理距离。很多时候都是这样的：夫妻双方因为爱而彼此走近，近得恨不得不分你我。于是走进婚姻，长相厮守。而此后，彼此的距离又会慢慢地，在不知不觉中一点点拉开，亲密有间。

给彼此一些空间，夫妻双方都有自己的生活圈子，自己的爱好，偶尔出去"放放风"也未尝不可。这样不至于两个人天天拴在一起，熟悉到产生陌生感，无话可说。距离产生美，婚姻生活也需要距离来为它保鲜。

4.多份尊重，多份爱

夫妻之间要多份尊重。也许你的爱人，和你结婚后仍然保持和朋友周末聚会的习惯，因此常常晚回家，而你却认为你的爱人忽略了你，因而你大为不快。或许你的爱人一向以自己的价值观选择生活，而你不认同，于是你打着"爱"的旗帜，要求你的爱人按照你的方式处理问题，这样时间一长便产生了无休无止的争执与不满。经过了短暂的爱的陶醉之后，男人和女人难免困惑：为什么有了亲密的关系，我们之间的爱反而不存在了？

其实，并不是爱不存在了，而是大多数人找不到从"呆在一起"水平的"爱"过渡到真正的爱之间的那一小节梯子，而尊重正是从热恋走向真正爱情的那节必要的梯子。尊重并不是为了故意在两人之间产生距离，而是为了让爱能得到升华，不因距离的消失而使双方丧失相互吸引的磁力之源泉。在爱之中保持尊重，需要能成熟的把握尊重对方、宽容对方，但并不是完全的独立。爱要适当地牺牲自我，适当放弃自己的独立王国。

有爱与尊重的和谐才是最美的！交谈是爱情的稳定剂。

人是具有感情的，感情的载体是语言，人通过语言表达思想，互相沟通。妨碍夫妻交流的因素很多：商海如潮，竞争残酷，没有多少心思来交流；快节奏的生活，为了生存而疲于奔命，没有多少时间来交流；朝夕相处，司空见惯，没有那么多内容来交流……而更多的则是忽略了交流的艺术。夫妻沟通的艺术，首先是要学会"恭维"对方。在二人世界里，多几句恭维的话，常常会给生活带来意想不到的温暖和幸福。而且它还常常有化干戈为玉帛之功。当然，夫妻间的"恭维话"也不可太多，太多则滥。平时一句体贴的话，对配偶的衣着容貌的一声认同，一件往日趣事的述旧，都可能引起对方的共鸣，从而得到投桃报李的效果。其次，应当充分地认识到，争吵也是一种沟通的办法。有一种认识误区，认为美满的婚姻不应当有争吵，其实这是不现实的。夫妻之间通过争一争、吵一吵，往往能够把事情搞明白。这比把事情隐藏在心里好得多。吵过了，是非曲直搞清楚了，矛盾也消除了。

再说，夫妻间经常交谈，沟通思想，可以增加彼此的透明度和信任，从而达到"常相知，不相疑"的境界。俄国教育家苏霍姆林斯基说得好："爱情不能审查，只能信任。"要达到相互理解与信任，唯一的办法只有沟通。经常把自己工作中的酸甜苦辣与社交活动情况和配偶进行交流和沟通，是取得信任的关键。交谈，实在是爱情的一种稳定剂。

5.吵架应该坦诚开放些

　　成家之后，夫妻间的争吵在所难免，弄不好会彻底伤害双方，使两人的关系濒于解体。这种争吵属于一种恶性争吵，于事无补，矛盾得不到解决，还伤害双方之间的感情，因而，夫妻双方应该学会建设性的吵架，坦诚开放地争吵，这是一种健康的沟通方式，通过争吵，彼此的爱恋会更浓厚，它可以使彼此协调，更加了解相互间的差异和想法。

　　阿明和妻子小梅结婚已经5年多了，在婚姻中，由于性格的弱点展露无遗，难免产生一些小磕绊。阿明就职于某国际广告公司企划部，平时工作特别忙，经常和各类客户打交道。晚上回到家后，小梅免不了有些微词，然而阿明总能妥善地解决。一个晚上，阿明很晚才到家，小梅为他准备的饭菜早已凉了。更让小梅感到气愤的是，阿明的身上多了一种从没有过的香水味。敏感的小梅立即变了脸色，大声责问这是怎么回事。

　　阿明先是一惊，然后迅速想到是怎么回事，原来下午有个客户是一位"半老徐娘"，见阿明风度翩翩，在工作之余，大表爱慕之意。最后携着阿明上了某酒吧待了两个小时。其实，他们之间并没有什么，阿明自己对这种事也很有分寸，懂得把握彼此的交往界限。于是，阿明真诚地向小梅解释。小梅涕泪涟涟，又说起去年的某天，前年的某个下午也是这样，还有某天晚上给阿明打电话的女人，等等，阿明听得很窝火，因为他从未曾出轨过。耐心的阿明没有与小梅计较太多，给小梅说了几句贴心话，帮小梅洗完脚，然后钻进了被窝。第二天，雨过天晴，小梅也谅解了他。

　　在这个案例中，阿明不是婚姻的弱者，他只是通过正确的方式把吵架限制在了一个适度的范围，进行建设性的吵架要注意以下几点。

　　（1）吵架要针对眼前的事，而不要把陈芝麻烂谷子的事一股脑全扔出来。尤其是女人，常常喜欢翻出陈年旧账。其实，如果夫妻双方把争吵集中在当前事情上，矛盾就容易解决多了，所以夫妻争吵要就事论事，一旦发现有扩大事端的倾向，要马上叫停。

（2）为什么吵架。在夫妻很多次的争吵背后常常潜伏着真正的动机，这种动机可能往往是对方不能满足自己的情感需求。这一点在女人身上体现得十分明显，通常女人不直接开口要求男人满足她们的情感需求，而是通过争吵等其他的方式。因此夫妻吵架之后要仔细地想清楚双方为什么吵架，对方需要什么。

（3）不争输赢。夫妻之间的关系不同于一般的人际关系，因此也不能按一般的理智的方法去解决。夫妻之间的关系比一般人际关系要亲密，与越亲密的人在一起，我们就越难以听取他人的意见。夫妻之间的吵架一般是一个没有绝对的有理、无理以及孰对孰错之分，因此千万不要斤斤计较，一争输赢。一般而言，正是因为彼此把双方当作最亲最近的人，才向对方使性子、发脾气，这也就不难解释为什么妻子总是爱在丈夫面前吵闹、任性、耍脾气了。爱是宽容和无私的，夫妻之间如果在平时就注意培养彼此之间的感情，事到临头必能和平解决。

（4）争吵后主动和解。建设性争吵不可缺少的一环便是在争吵后能够主动打破僵局，求得和解。在很多情况下双方中的一方主动道歉，说声对不起，夫妻二人就能达成和解。很多幸福的夫妻都说"我们是吵过来的"，但不同的是，他们在争吵以后，一方会主动请求对方谅解，这样两人的关系才能恢复到从前的甜蜜，丝毫不影响夫妻之间的感情。

6.正确把握彼此在婚姻中的角色

有关婚姻的质量问题，有关学者认为主要存在三个等级：优质婚姻、婚姻亚健康状态和不良劣质婚姻。其中，优质婚姻表现为夫妻关系充满活力，能够经受挫折和风雨，夫妻之间感情和谐稳固，永葆真爱，激情依旧，珍惜欣赏婚姻生活里的点点滴滴，丈夫或妻子在婚姻的付出方面感受到的是美好体验。婚姻亚健康状态表现为夫妻双方能维持婚姻生活，感受到婚姻的酸甜苦辣，婚姻生活感觉不适或不是自己想要的，夫妻关系不自如，婚姻生活缺乏活力和婚姻生活麻木的情形。不良劣质婚姻表现为婚姻危机、婚外情、婚姻暴力（热暴力和冷暴力），婚姻生活下的夫妻双方或一方痛苦、麻木，在婚姻边缘徘徊，夫妻之间陌生、冷漠、冲突、伤害具有持续性或经常性特点。

造成不良劣质婚姻的原因多种多样，其中有一个很特别的原因是夫妻双方没有把握好自己的家庭角色。

小张和小王是大学同学，小张一直很关心小王。结婚后，小张仍然对小王关怀备至，管他吃喝不说，也管他回家和工作，第二年，他们有了儿子，小张骄傲地对女伴说："我管着这俩孩子，累死了！"可小王是越来越不服管了。两人总是吵吵闹闹，两人关系也因此越来越紧张。

实际上，他们的感情之所以受影响，既不是因为第三者插足，也不是婚前两人图对方的物质条件，他们是同学，互相因爱而结合。那为什么他们也产生了感情问题？原来，小张在娘家是家中的老大，是管着弟弟的姐姐，妈妈总对小张说："你大，要管着弟弟。"从小，她就学会了管弟弟，另外，她也从小看妈妈管爸爸，爸爸老老实实地服管。小王在家，两个孩子中他也是老大。同样看着家中爸爸是老大，动不动就冲家人发脾气。实际上，小张在婚前就以过去对待弟弟那样对待男友，婚后又照母亲对待父亲的样子管丈夫。小王也是在家习惯了当兄长，并也想在现在的家庭中当老大，矛盾就这样出来了。

小张和小王的婚姻危机很显然是没有正确把握彼此在婚姻中的角色所致。良性的婚姻是一种人生互助关系，或是由于有一方缺乏独立性需要另一半照料和引导，而不是领导与被领导的关系，更不是争做家庭"老大"的不良心态。

心理医生认为，夫妻关系与婚姻的心理治疗是心理治疗的重要方面，不良的心理会破坏婚姻。夫妻关系出现裂痕的原因，既有来自夫妻两人关系本身层次的问题，也有来自夫妻各自家庭背景、子女、第三者介入婚姻、民族与文化差异等各个方面的问题。夫妻双方有各自不同的文化背景和不同的性格特征，彼此应该互相体谅和宽容。家庭是社会的细胞，将家庭建成幸福的港湾，将对千千万万夫妻的身心健康，工作与事业发展，以及社会的安定有重大意义，需要千千万万夫妻的共同努力。

7.回忆过去，调动"感情资本"

许多夫妇谈起婚后生活的感受，都会认为对方再没有从前那样迷人。特别是在双方经过激烈冲突之后，一时更恨不得离开对方。然而，一旦真的长时间分离，又会情不自禁地怀念起对方的长处和夫妻间共同度过的那些美好时光。这种微妙的矛盾心理，说明夫妻之间都存在感情基础，而对过去美好生活的回忆，也就自然成了联络夫妻之间难以割断感情的纽带。

王某和李某结婚已经13年了，他们一起走过风风雨雨，共同承受过太多的痛苦和波折。他们有一个11岁的女儿，天生哑巴，正就读于某聋哑学校。夫妻俩在生活中总是互助，在工作上更是相互鞭策和激励，他们不久前被评为"街道模范夫妻"。当被问起他们在结婚这么多年之后，为何仍能保鲜婚姻时，丈夫感慨地说："被评为'街道模范夫妻'，我们感到万分荣幸，同时也感到有些惭愧。其实我们的婚姻并非外人看起来的那么温馨和一帆风顺，我们之间也有过太多的摩擦，也许这就是婚姻的必然吧！谁也避免不了——没有摩擦的婚姻并非是真正幸福的婚姻。摩擦常有，关键是靠夫妻俩如何竭力营造一个美满和谐的家庭。我们夫妻俩有一个特点，就是每当婚姻出现危机时，我们并不是深陷其中出不来，相反，我们有自己的绝招，那就是学会回忆。回忆我们共同走过的艰辛岁月，回忆我们婚姻的不易，回忆我们年少时的热恋经历。回忆总是美好的，会给我们力量和激情。"

说起改善人际关系，很多人都强调要增强"感情投资"。其实，夫妻之间经历过的美好生活，就是贮存在双方记忆深处的"感情资本"。王某和李某懂得生活，懂得利用感情资本，懂得用过去挽救未来，因而他们的婚姻在幸福地继续着。即使是在夫妻双方出现感情危机时，才被动地想起追忆过去的美好时光，对婚姻也是大有裨益的，虽然"危机中的回忆"罩上了一层伤感的色彩。

如果夫妻能主动调动"感情资本"，经常在一起共同回忆美好的过去，就更有助于平安度过婚后生活中可能出现的"感情荒原"。比如，利用节假日重游热恋"故地"；在结婚纪念日和生日请几位旧时朋友来家里小聚；在夜深人静时，一起翻一翻过去的影集，读一读珍藏的情书，看一看恋爱中互赠的礼物……总之，在这种"睹物生情"的意境中，哪怕是一支熟悉的乐曲，一首读过的小诗，都可能在夫妻平淡的生活中重新激起情感的涟漪，带来温馨的抚慰，使婚后生活充满甜蜜的感受。回忆，不仅说明夫妻曾经爱过，而且证明夫妻仍在相爱。

8.减少夫妻双方的心理对抗

在婚姻生活中，当富有情调的小打小闹升级以后，就发展成为对抗，有的夫妻甚至长期冷战，餐不同桌、夜不同床，形同陌路。这种不正常的婚姻状态对整个家庭都将造成毁灭性的打击。

阿莲一天晚上吃完晚饭后就开始与丈夫冷战，对丈夫一言不发。事情的起因是丈夫在吃晚饭时与一位女同事不停地在用短信讨论年龄与长相的问题，被阿莲发现。

为此，阿莲与丈夫开始了冷战，冷战持续到晚上十点，平时晚饭后都是阿莲给丈夫煮咖啡，今天丈夫只好自己给自己冲了杯速溶咖啡。为了表示姿态，阿莲决定一个人睡小房间。丈夫着急了，连拖带拽把她拖回大房间。但丈夫依然不肯低头认错，于是阿莲使出杀手锏掉眼泪，见老婆眼泪掉下来，丈夫马上好言相劝。但是，这时阿莲仍不肯轻易妥协，继续对丈夫冷战。丈夫冲好奶粉，劝阿莲趁热快喝。阿莲喝完后，钻进被窝继续冷战。一会儿丈夫也钻进了被窝。丈夫没过几分钟就开始发出均匀的鼻息声，睡得还挺香。阿莲气不打一处来，一把掀掉丈夫身上的被子，让他再拿条被子出来，一人一个被窝。丈夫倒没什么怨言，摊好被子想继续睡。阿莲开始翻旧账，把以前的委屈一件一件说出来，东一句西一句，加上眼泪鼻涕，丈夫无法招架，只好投降，开始耐心地安慰阿莲。

在这个案例中，阿莲对丈夫随意给女同事发短信的行为不满，因而开始了冷战。一位社会心理学家调查了一些夫妻不和的心理原因后，发现妻子对丈夫的不满主要有以下几方面：

第一，丈夫的自私和不知体谅。女性也需要得到男人的温情，自私是爱情的头号敌人。

第二，事业上没有突出的成绩。女人总是希望自己的丈夫能够出人头地，至少是有所作为。

第三，喜欢抱怨，不理解她的情趣。丈夫如果与妻子情趣不投，最好是不要有太多的抱怨。

第四，对子女缺乏兴趣，家庭观念薄弱；对子女过于严厉，不顺心时拿孩子当出气筒；不顾家庭，把自己的朋友看得重于一切，家庭为自己和自己那一伙人服务。

第五，粗鲁、不文静，没有风度；缺乏上进心，得过且过，缺少男性的成功欲，平庸呆板；脾气暴躁，没有耐心，凌驾于家庭之上，不能平等待人，动辄发火，令人无法忍受；爱批评人，缺少男人的大度、慷慨；嘴碎唠叨，喜欢在小事上吹毛求疵。

当然，"一个巴掌拍不响"，只有当夫妻双方都存在心理疙瘩时，婚姻中的矛盾才显得更为尖锐。在许多时候，丈夫对妻子的以下行为不满，也会引起双方的不合和冷战：

（1）妻子喋喋不休的唠叨。无论大事小事，无论在什么时间、地点，总是说个不停。

（2）缺乏共同的生活情趣。志趣不投，无法共同享受生活的乐趣，甚至互相抵触。

（3）自私、不知体谅，这是丈夫最不能容忍的。

（4）抱怨、干扰自己的爱好。几乎每个男人都有自己的爱好，这是男人生活中必不可少的心理平衡因素，他们绝对不允许别人干扰他们的爱好。

（5）衣着不整，这意味着有失丈夫的体面，使丈夫丢脸。

（6）脾气急躁。任何男人都希望妻子温和可爱，性情急躁是导致婚姻关系破裂的一个重要因素。

（7）干涉他对子女的管教。许多家庭属于"严父慈母"型的家庭，但如果一个过严，一个过慈，自然就会产生矛盾。

（8）自夸、逞能。这一问题在男性中是普遍存在的，而他们一旦发现自己的妻子也有这种不良的习惯的话，他们会非常厌烦。

（9）感情脆弱。成熟的女性感情是稳定的，男人一般都希望自己的妻子比较成熟，感情脆弱的"小姑娘"式的妻子令丈夫无法长期接受。

（10）心胸狭窄，嫉妒心强。

（11）不理家务。无论出于什么原因，不理家务都是不利于婚姻生活的。

（12）好争辩，爱挑毛病，令人无所适从。强词夺理，文过饰非。

总之，为了减少婚姻中夫妻双方的心理对抗，营造一个和谐的婚姻环境，夫妻双方要在包容对方的缺点的同时，努力改造自己的不良习惯和作风。

9.夫妻之间不能计较得失

夫妻之间不能计较得失，两人只有同舟共济方有幸福的生活。在家庭中唯一的目标是使家庭生活幸福、美满，为实现这一目标，一切都可以调整。

有的丈夫讲大男子主义，只愿妻子在家照顾自己，其实这是一个很不好的做法，因为妻子对一个男人来说不仅仅是助手、帮手，对家，她还是你精神的伴侣，长期把妻子置于家中，妻子的精神就会衰变，而整日在外的丈夫有一天会突然发现妻子失去了光彩，不再吸引自己，于是家庭的裂痕就可能出现。

反之亦然，一位妻子若只想自己享乐，从未把帮助丈夫列入自己的计划，下班以后活动不断，从不在家；如果在家里只是干自己的事，玩自己的，对丈夫不问不管，这样的妻子终究会失去丈夫的爱心。一个妻子要把丈夫的事业视为自己的"终生职业"，这样似乎牺牲了一些自己的时间，但收益却是无穷的。糊涂学的情爱之道在于想对方、为对方，实际上通常付出越多，幸福越多。

一个家是由两个人维护的，以谁为主？两个人都是有事业的，家务由谁来做？家庭生活里这些矛盾是不可回避的。怎么办？

多想对方，少想自己。多做贡献，多做牺牲是最好的办法。

首先，我们看一下如何处理这类问题。婚后夫妻常常面临一个突出的矛盾，即事业和家务之间的冲突。中年夫妻中，这个问题更加尖锐，事业与家务矛盾处理得好不好，直接关系到事业上的成败和夫妻关系的稳定。

事业与家庭的矛盾主要体现在业余时间的支配上，除了上班和休息时间以外，每天的空闲时间总是有限的。用于家务时间多了，用于事业的时间必然就少；而事业上的发展是与时间精力的投入成正比例的，家务繁重，往往会影响事业的发展。用于事业的时间多，就很难兼顾家务劳动，尤其是双职工家庭，两人都有自己的工作，同时家务又很繁重，事业和家庭的矛盾就更加突出。这个矛盾如果解决不好，就会给夫妻关系带来麻烦。要妥善处理夫妻间因事业和家务而引起的矛盾，可以在以下三方面下功夫。

第一，齐头并进。首先，在事业上夫妻共同前进。各自根据自己的兴趣爱好、特长，选定自己的主攻方向，互相支持，携手前进。特别是在双职工家庭，夫妻都有自己的工作、事业，双方都需要不断更新知识，提高业务能力。作为丈夫，要破除"天然中心"的思想，而妻子则要克服自卑心理和依附心理，古今中外在事业上有造诣的人，女性不乏其人，如中国古代的蔡文姬、花木兰、李清照，现代的冰心、丁玲、郎平、孙晋芳及居里夫人，等等，在事业上，男女是平等的，不存在谁依附谁的问题。如果夫妻在事业上都需要发展提高，那么就要互相配合，予以平等的发展条件。其次，在家务上齐心协力，密切合作，"见缝插针"。夫妻都要做到眼勤、手勤、腿勤。其实有些家务活很简单，只要夫妻一起干，很短时间就能做完，这样既不耽误双方的事业，又能及时做好家务，还能充实生活内容，增进夫妻感情。

第二，保证重点。所谓"保重点"，就是一方甘愿作出自我牺牲，多承担家务，保证配偶集中时间和精力从事自己的事业。这里首先要解决重点的确定问题。重点并非自封的，也不是某人指定的，而是根据客观需要和夫妻各自的素质、潜能等综合的考虑。一般说来，谁的发展前途大，谁急需要更多的时间学习提高，就以谁为重点，所以男女都有可能作为重点。重点确定后，非重点的一方要自觉主动地承担家务，当好配偶的"贤内助"，为其事业成功铺平道路。

鲁迅的夫人许广平在文学上也是有很大造诣的，但为了支持鲁迅的事业，她主动地当起贤内助。有段时间家里经济较拮据，她想外出工作，但后来还是放弃了初衷。因为她同鲁迅商量后，觉得这样做会拖累鲁迅，得不偿失，于是，她就任劳任怨地甘当鲁迅的"后勤部长"。生活中，不少妻子为了丈夫的事业，默默无闻地牺牲自己。也有丈夫为了妻子的事业而甘当配角，家务一身担，以解除对方的后顾之忧。

当然，非重点的一方也应该积极创造条件，不断提高自己，尽量缩小夫妻间的素质差异，以保持"角色平衡"。

在夫妻之间，重点和非重点两者是可以相互转化的。比如，开始是妻子包下家务，使丈夫读研究生，当丈夫研究生毕业，有了稳定的工作时，妻子又由于工作的需要而外出进行业务进修时，丈夫和妻子都要尽快适应这种变化，顺利完成重点与非重点的位置互换，尤其是降为非重点这一方，要努力消除心理上的失落感，挑起家务重担。

第三，简化家务。美国的琼斯夫人在她的《时间的挑战》一书中，强调人们应简化家务，致力于自己的事业。为使人们更好地利用时间，提高工作效率，琼斯夫人提出了一些简化家务的具体措施：去商场购物，外出进餐或去看电影，一定要避开交通高峰期；多留几把备用钥匙，放在易找的地方，当"值日者"失踪时，你可以马上调用"后续部队"；不要试图让任何事情都完美无缺，那只是无益的空想，只要把家收拾得井井有条，窗明几净，令人舒畅就行了；无论是对家人还是客人，饭菜都要简单一些，你不拘礼节，客人就会感到轻松自然。回请时，他们也就不会浪费时间"大宴宾客"了。

总之，夫妻双方必须有对共同事业的理解和追求，要相互尊重和体谅对方在事业的时间投入和精力投入，为对方事业的成功创造条件。

10.保留神秘感，增加吸引力

幸福的婚姻是需要用心经营的，并不是绝对的坦白就会换来绝对的信任，在有些情况下，婚姻的艺术在于理性的谎言。有些时候，说话毫无保留，完全诚实，会使得对方产生负面的情绪，负面情绪累积多了，就有可能腐蚀婚姻关系。

某人的妻子说："我今天遇到你以前交往过的陈小姐，她还是一样的迷人。"丈夫说："她本来就很迷人，像她这样的女性不多，我想很多男人都会喜欢她。"这位丈夫很诚实地把他的想法和感受说出来，以免让妻子怀疑他仍旧怀念着以前的情人，但是他没有想到他的这些实话反而让妻子的心里产生了阴影。妻子总在心里想："他是不是还想着以前的女友，自己是不是没有以前漂亮了，他们以后见面了还会不会再来往……"这些想法一直盘踞在那位妻子的心里，心情很不愉快，动不动就发脾气，弄得家庭气氛很紧张。如果当时丈夫的回答是"我忘了她长什么样了"，或者是"他没有你漂亮"。那妻子一定会是另外的一种心情。

做人不要求绝对诚实，可以在一些特定的时间和特定的地点说点善意的谎言。这样的谎言跟恩恩爱爱无关，与人格道德无关，也不会危及家庭幸福美满的大好局面。它只不过是用理智清除那些会伤害对方的东西，使婚姻关系拥有和平的氛围。

许多婚姻方面的专家认为，如果你真正爱对方的话，有时对一些特定的想法和感受反倒要秘而不宣，甚至要撒一点谎。那么，什么话该告诉你所爱的人、什么话不该告诉他（她）、什么时候才能告诉呢？对此有下列建议，你可以从中检验自己爱情和诚实的睿智。

不要指出配偶的一些无法补救的缺点。例如一位妻子的腿短些，她问丈夫："你是否希望我是个身高长腿的姑娘？"她说得不错。可她的丈夫如果照实回答，肯定会伤她的心，因为身材矮小是天生的，无法补救。因而丈夫可以将事实"修饰"一番来满足妻子的愿望。他可以这样说："如果我想找个高个的，我早就和那样的女人结婚了。而实际上并非如此，我娶了你，我就爱你这样的。"这样回答肯定会让妻子满意，因为丈夫强调了他更爱妻子所具有的、比长腿更有意义的特质。

对于一些可以改正的坏习惯或坏毛病，你应该告诉爱人，但要注意选择适当的时机和方式。不要当众指责他（她），这会有伤他（她）的自尊心，从而引起爱人的不满；不要在亲密的时候说，这样会破坏气氛，容易伤害感情；也不要在对方心情不好的时候说，这等于是火上浇油，只会使爱人心情更不好；不要在两个人激烈争吵的时候说，因为争吵时人最容易冲动，这时候指出对方的毛病，只会越吵越厉害。告诉对方缺点时，态度要诚恳，不要让对方以为你在挑刺儿，或者你看不起自己；要让对方觉得你是在关心他（她）、是把爱人当作一个亲密的人才说这些，而且要帮助其改正。

尽量不要把已经过去的恋情告诉你的配偶。女人比较喜欢问"我是不是你最爱的人"这类问题。如果一位妻子问丈夫这个问题，而丈夫在她之前曾有一位恋人，而且很爱她，但她由于车祸去世了，丈夫该不该告诉妻子这个事实呢？专家们认为，丈夫不应完全直说。因为这段感情已经过去了，他妻子也不能改变这一现实，如果丈夫照实说出心里话，只会伤妻子的心。如果丈夫不想撒谎，他可以说："我现在最爱的人当然是你，你都已是我的妻子了。"他并没有撒谎，他过去的恋人已经去世了，在现在的人中他最爱的的确是这位妻子。

还有一些话，把它藏在你内心的深处，它使你感到内疚和压抑，你想把它告诉配偶。如果把这些话说出来，可以减轻你内心的负担，同时也不会给你的配偶造成心理压力，那么你不妨说出来；如果说出来，虽然能减轻你心里的痛苦，但也会给你的配偶带来负担，那你就权衡一下，看是不是值得这么做，是否会伤害夫妻感情；可是如果这些话你说出来了，既不能减轻你自己的负担，又会给配偶带来压力，那么你最好保持缄默。例如，丈夫在外面曾有过一段秘密恋情，现已结束，但他仍然深感内疚，他想把一切告诉妻子以求得其宽恕。有的专家认为，在遇到这种情况时，丈夫最好独自承受这份精神负担，或是寻求心理医生的帮助，把负担分给妻子是不明智的，同时也是不公平的。

保密造成的隔阂令人痛心，但如果说明某事仅仅是为了减去自己的负担，而不管对配偶的影响，那么缄默可能是更负责任的表现。生活告诉我们，对那些"载入史册"的隐私，只要悔过自新，就没有必要"曝光"。

有些问题不在于是否诚实，而在于诚实的时间和方式，以及怎样做才最能表达你对配偶的爱。

其实，夫妻之间存在点隐私，各自在心灵的某一处保留一片绿洲，使夫妻关系保留一点神秘感，更能增加彼此的吸引力，使婚姻更幸福、更美满。

正如一位心理学家指出：忠诚于一个人，就要求做到谨慎、得体、保护、慈善、克制和敏感，这种要求比只是"告知真相"的简单原则不知要复杂多少。但另一方面，谎话和秘密容易加大夫妻间的距离，使夫妻之间产生隔阂。因此，在处理夫妻关系问题上，最重要的一点是把握好"度"，夫妻间应做到既有适当的"透明度"，又有适当"隐秘区"，这样才能使关系保留一点神秘感，增加双方的吸引力。

11.为孩子营造健康的成长环境

孩子的每一步成长都饱含着父母的爱、父母的心血。父母是孩子学习和仿效的活样板，因此必须做好表率，要以德立身、以学修身、作风民主，为孩子营造一个健康向上的成长环境。

夫妻在教育孩子的问题上，有时会出现某些意见不统一的情况，并且由于经常缺乏沟通，没有一致明确的态度，常常形成"唱反调"的场面。

一个说错，另一个说对；一个要打，另一个要护；一个批评不是，另一个表扬长处。夫妻俩各据各的理，互不服气，结果引发争吵和矛盾，伤害对方感情，破坏家庭和睦，并使孩子在父母之间处于游离状态，无法接受有效教育，具体表现为：使孩子无从判断究竟该听谁的；使孩子犯了错还觉得理所当然，缺点和毛病永难剔除；使孩子变得乖戾，缺乏健康的人格和心理素质。因此，这种做法对孩子的伤害是极大的，应当坚决避免。夫妻之间应该增加信任，减少对立，在面对孩子时应步调一致，一体同心。

（1）找出意见分歧的原因，不要把孩子当挡箭牌。为教育孩子意见相左、产生分歧时一定要相互容忍，保持冷静。许多不明智的夫妻往往互不相让，相互争吵，甚至大动干戈，对孩子造成了严重的负面影响。

在这种情况下，夫妻俩应该平心静气，对各种分歧产生的原因进行明确的分析。有的分歧是关于孩子的，有的分歧则可能与孩子毫无关系。当夫妻俩总是为同一个问题而争吵时，其根源多半不在孩子身上，而在夫妻关系上。另外，在夫妻的冲突、争论中，千万不要把孩子当成马前卒或者挡箭牌。

（2）协商管理孩子。夫妻双方在对待孩子方面，出现不一致甚至是截然相反的态度是不可避免的，重要的是夫妻间应该找出一些时间在一起沟通，交换一下对教育孩子的看法，包括对孩子的评价以及对孩子的一些偏见，从而达成共识，从孩子的实际情况出发，商量讨论后选取切合实际的管理方法。

在互换看法时，不仅要看到孩子的缺点和不足，更应看到孩子的优点和长处，不仅要看到孩子落后的一面，更要看到孩子的进步。夫妻俩要从分享孩子进步的喜悦中更好地调整双方的态度和方式，从而更好地促进孩子的成长。

（3）妻子不要一味地依赖丈夫。现代社会中，尽管夫权思想早已被否定，但是传统婚姻观念还是没有被彻底消除，还或多或少地左右着人们的婚姻观，使两性平等的婚姻观在事实上还没有完全确立起来。由此滋生了男人是强者、女人是弱者、男主外女主内、男人承担家庭的一切责任、女人只管相夫教子等观念，使得不少人产生了男人就应当是家庭的支柱，女人不过是男人这棵大树下的一株小草而已的错误观点。

于是，很多婚姻生活中，权力交到了丈夫的手里，妻子凡事以丈夫为重。妻子看起来软弱依赖，丈夫就会觉得自己有责任照顾她。丈夫成了妻子的"老爸老妈"，而妻子却犹如小孩，时刻需要关照。新婚时期，双方可能会觉得甜如蜜、美在心。可是长此以往，妻将不妻，夫将不夫。这种婚姻模式会使妻子变得更多愁、软弱、无力和缺乏自信。当她愈不能肯定自己之时，就会愈依赖丈夫，愈觉得没有安全感。而丈夫在这种强力的重压之下，也会越来越感到窒息，想要挣脱与逃避。如此一来，婚姻生活就会进入恶性循环之中，对孩子的健康成长极为不利，甚至会影响到孩子的心理健康及日后的价值观、生活方式等。夫妻双方若想逃脱这种恶性循环，当从以下几方面开始。

①鼓励与支持妻子。丈夫应当给予妻子更多的鼓励与支持，促使妻子走出家门，从事她所感兴趣、力所能及的工作。丈夫要懂得适时地放手，人只有在摔打中才能建立自己的信心与成就，永远栖息在老母鸡羽翼下的雏鸡是经受不住任何的风雨侵袭的。如果丈夫只是不停地保护妻子，让妻子离了他就不行，不但不利于对孩子的教育，还极易使婚姻出现裂痕，此外，万一婚姻出现了问题，她该如何生活？

②改变思想观念。首先，妻子要打破过去的思想观念，努力克服失落感和被遗弃的恐惧，将那些日积月累的情感包袱尽可能地加以抛弃，不要让自己陷入情感空白的泥潭之中。

其次，妻子要诚实地面对自己，重新评估自己的婚姻生活，建立自信，确立自由，维护自尊，从而解放自己，也解放丈夫，给予丈夫更多的理解和关怀，也给孩子营造一个轻松、健康的成长环境。

（4）丈夫也不要"大撒把"。俗话说："养不教，父之过"。父亲在孩子的成长过程中承担着必不可少的重要作用。

有人把孩子成长过程中的母爱比作太阳，父爱比作大树，而没有大树的遮阴，孩子会被太阳暴晒坏的。《父爱的力量》的作者、我国台湾著名教育专家廖永静博士认为"家是孩子每天停靠的港湾，是情绪的出口，是在外受伤跌倒时可以疗伤止痛、补充能量的地方。孩子对父亲的期望，不再只是'赚钱的机器'，而要兼做'情感专家'，帮孩子疗伤止痛，作为'情绪的出口'，是家庭卫士，守护着家园。"父亲是孩子的脊梁，力量的源泉。美国著名心理学专家詹姆士·杜布森博士认为：最明显的是在青春期开始时，这时男女两性都开始经历情感和荷尔蒙的增长上升。这时候男孩和女孩都极为需要得到父亲的监督、指导和关爱。

父亲这一角色，在孩子心中，应该是力量型、智慧型，充满着人格魅力和具有强大影响力的人，他给予孩子力量、安全、心灵慰藉，影响着孩子的性格和鲜明的性别角色，影响着孩子的人生观和价值观——这就是父爱的独特魅力。

12.求同存异，体谅对方

有些夫妻在婚姻生活中总是充满了征服与被征服，男人认为女人应该听命于自己，乖乖地做个依人的"小鸟"；女人则认为管束男人是女人的天性。双方都想取消对方的独立性而把对方纳入自己的管制之下。结果，越是拼命地拉近对方，彼此间的折磨就越强烈、越痛苦，这样一来，彼此就会越走越远。

常听有人说：当初恋爱时，那些肉麻的话，怎么会说得出？的确，确定恋爱关系时，人们的激情常常超乎自己的想象，但激情也会随长久的生活逐步转变成持久的平淡。如何守住这份平淡呢？

首先，角色扮演。婚后角色的扮演，首先涉及的是夫妻两人之间的角色，你们是完全传统的男主外、女主内，由妻子一人承担家务，还是按现代观念，丈夫也做一点家务呢？这在一开始就要摆正位置。现代人都有自己的工作，应该谁有空谁就做家务。

其次，对家庭角色的认识与适应。作为妻子、丈夫、媳妇、女婿，不同的角色应承担不同的责任，履行不同的义务。

再次，要了解彼此性格的差异，男人与女人因个性差异或需求的不同，会有不同的行为和表现，两人只有相互适应和容忍、慢慢磨合，才能找到生活的平衡点。

两个人结婚，就要共同生活。共同生活的两个个体要融合到一起，肯定要经过耐心等待、适应的过程。只有学会在平平淡淡中生活，才能创造出不平淡的婚姻生活。

实际上，纵使强拉硬扯，也很难把一对夫妻长久地拉到同一条轨道上来，理想的婚姻是生活上的结合，是精神上的结合，是求同存异的结合，而不是彼此的干预和制约。

"求同存异"就是要尊重对方的个性、习惯、兴趣，不强制对方按自己的意愿去作出什么改变，并且要无条件地接受对方的缺点和弱点，能够宽容对方的不足和错误。

在家庭问题的心理咨询中发现，夫妻关系的纠纷，大多是从日常琐事开始的。

例如，刚结婚半年的小杨和小李，也为一些不大不小的事闹起了别扭。双休日小杨要回娘家，小李偏不同意，非要先去看他老爸。都是一片孝心，先去哪里不是都一样吗？小李爱吃辣椒，经常炒上几个川菜，小杨却喜欢清淡的粤菜，为此，小两口没少拌嘴。如果同时做上各自喜爱的菜，相互尝一尝对方喜爱的口味，不是也很有意思吗？

中年夫妻老张和老王，想当年人们都说他俩是比翼双飞的一对高才生，可是这些年他们过得却不是那么愉快。老张说："我为了这个家牺牲了自己擅长的专业，下海多挣点儿钱是为了家里日子过得宽裕些。加班或是有什么事，我都打电话告诉她，人家都叫我'妻管严'，可她老对我不放心，怀疑我有情人，回来晚点就盘问个没完，这样下去，早晚得离婚！"老王说："大家都羡慕我们俩，在国家级科研单位干得好好的，又有多次出国考察的机会，他非得下海，想尝尝当大款的滋味，过过灯红酒绿的腐化生活，这不是嫌弃我老了吗？"一个家庭关键是理智，要相互理解、宽容和信任，不要总把事情往坏处想。宽容丈夫的同时也避免了对自己的伤害，避免了家庭的恶劣气氛，避免了由此引起的身心疾患。

现在大多数夫妻都是自由恋爱而结合的，婚前的相互了解对一个人的基本素质一般是可以正确判断的。所以，如果婚姻基础有了一定的保证，关键就是婚后如何相互适应和协调了。若是夫妻双方都能够遵循"求同存异"的原则，就不至于因为一些小事而争吵，以至于影响了夫妻之间的感情了。

夫妻之间的相处，难免会遇到一些磕磕碰碰，在细节中给予对方更多的关心和体贴，不要动不动就抓住鸡毛蒜皮的小事不放。这样你会发现生活更美好了，家庭更和睦了。在生活中，如果妻子发牢骚，丈夫决不能采取"以牙还牙"的顶撞态度，而应有"宰相肚里能撑船"的气量，暂且不去计较妻子的话说得难听或是否符合事实，而要多想妻子平时对自己的恩爱，过后再找机会向妻子说明原因，这样就可避免一场不愉快的"冲突"。

有一天，夫妻二人决定坐下来好好地谈谈。他们之间实在是存在太多的问题需要解决了。

妻子说："你有多久没有回家吃晚饭了？"

丈夫说："你有多久没有起床做早饭了？"

妻子说："你不回家陪我吃晚饭，我有多寂寞啊。"

丈夫说："你不给我做早饭吃，你知道上午工作时我多没有精神。上司已经批评我好几回了。"

"早饭你可以自己弄的啊，每天回来那么晚，吵我睡觉，我怎么能起得来。你可以不回来陪我吃晚饭，我就可以不给你做早饭。"妻子不高兴地说。

"你知道我一天上班有多辛苦，压力有多大。一个晚饭，自己吃怎么了，难道你还是孩子，要我喂你不成？"丈夫也没有好气地说。

妻子抱怨说："你总是喝得烂醉而归，有多久没有给我买花，多久没有帮我做家务了。"

丈夫也不甘示弱地说："你知道你做的饭有多难吃，洗的衣服也不是很干净，花钱像流水，有多久没有去看我的父母了……"

就这样，夫妻二人你一句我一句地互不相让，最后竟翻出了结婚证要去离婚。在去街道办事处的路上，他们遇见了一对老夫妇正相互搀扶慢慢走着，老妇人不时掏出手帕给老公公擦额头上的汗，老公公怕老妇人累，自己提着一大兜菜。这对年轻夫妇看到这个情景，想起了结婚时的誓言："执子之手，与子偕老。休戚与共，相互包容。"可是现在竟然……于是他们开始互相检讨。

丈夫说："亲爱的，我真的很想回家陪你吃饭，可是我实在工作太忙，常常应酬，并不是忽略你啊。"

妻子不好意思地说："老公，我也不对，不应该那么小气，你在外工作挣钱不容易，早上我不应该赖床不起的。"

"早饭我可以自己热，每天回家那么晚一定吵你睡不好觉，你应该多睡会儿的。"

妻子也忙检讨自己……

就这样，这场离婚风波平息了。从这之后，夫妻俩变得互敬互爱，彼此宽容忍让，更多地为对方着想，恩恩爱爱。其实，导致婚姻失败、爱情终结的常常都不是什么大事，而是一些日常琐碎小事中的摩擦。

埋怨只能让彼此疏远，让爱情更早地被葬送。争吵的危险倾向是算旧账、翻老底，争吵的最好结局是达成新的谅解。宽容才能让彼此互相交流、更加融洽，宽容才能让感情维系长久。但宽容也是有原则的，并不是一味地忍让，而是不要斤斤计较，付出就索取回报。夫妻之间要常常换位思考一下，不要把自己的想法强加于人，要给予对方解释的机会。

在我们的生活中，夫妻之间发生了不愉快的事情，大多就是不同的思想、不同的观点、不同的生活方式而引起的，我们何不大度一些，体谅对方、宽容对方，给对方一定的生活空间，让对方自由发展，这样，夫妻关系就会变得融洽，家庭也会更幸福。

13.远离婚外情这颗毒瘤

从心理学的角度来讲，情人的出现，固然有各种原因，但最主要的原因是夫妻的关系在某些方面失去了应有的平衡，有了缺憾。为了补偿和弥补，就产生了在适宜条件下的感情转移。比如夫妻性格不合，性生活不和谐，给双方心理造成压抑，处理不好，可能就会在围城外寻觅知音和伙伴。也有因为男方缺少慰藉，有某种孤独寂寞感，于是试图通过与情人交往，以释放自己压抑的情绪。对于女性来说，主要是缺少感情的慰藉。

做了情人和有了情人之后，快乐、甜蜜是暂时的，情人的关系是不会永恒的。也许最惬意的时候，便是悲哀的开始，如果双方都有家庭，那么要断裂两个家的情链，是很难的。家，不是一个简单的含义，家是情缘、血缘的组合，家是意识、心理、感情、习惯的融合，家还是经济的纽带。要割断其间的联系太难了。不彻底割断上述的关系，又怎能建立起情人间的持久关系呢！一个已婚的人，家植根于他的感情中、思想中，植根于他每日每夜流淌着的血液中。他割舍不了，因而无法满足情人的需要。所以，婚外情往往会出现紧张、困惑、危机，甚至出现人为的考验，直到渐渐走向情人间的破裂。

张先生刚满45岁，但那满头白发与脸上密如蜘蛛网般的皱纹，怎么看也是五十好几的人。张先生是一个经历过不幸的婚姻的人，张先生不幸的婚姻全是他自己一手造成的。读研究生时，他母亲病重，全是新婚的妻子伺候，母亲病逝前最后一次住院时，妻子在病床旁整整陪了两个月。

为让张先生全心学习、考试，其妻从没让张先生做过家务，反而牺牲了自己的事业。可当张先生事业有成时，却喜新厌旧，向妻子提出离婚。为了丈夫的成功，牺牲了自己的事业、精力、体力的妻子自然坚决不同意，老父与兄弟姐妹及双方的同学、朋友都谴责张先生的"陈世美行为"，并坚决反对他们离婚。打打闹闹，这婚离了8年也没离成，弄得他众叛亲离，连独生女儿也不再理他这个父亲。就在此时，张先生的胃出了毛病，他喜欢的"小丽人"见他情形不好，觉得靠不住，赶紧抓住青春的尾巴，嫁给别人了。伤透心的妻子和女儿也不愿再搭理张先生，亲朋们恨他当年得意时的行径，都认为这是"报应、活该"，谁也不愿帮他，弄得张先生成了个孤家寡人。

想有情人的人和想做情人的人都忘记了理性，以为随意地得到和做了情人就是最时髦、快乐的。殊不知，这种想法的背后，掩藏着不同程度的罪恶，因为它践踏了道德、良知和人类的文明。

情人的关系是占有别人的婚姻，抢夺别人的幸福，铸造别人的痛苦。情人好比是钻进别人家的老鼠、蛀虫，情人现象像祸水一样冲击着不少家庭的安宁生活。张先生的婚外情不仅仅是把自己送入了绝境，同时也毁灭了这个家庭，到头来所有的美好过去都化为过眼云烟。

的确，婚姻不是静止的、凝固的，夫妻双方要把握婚姻的健康发展而不断调整自己，不要冒婚外情的险，婚外情不可能补偿婚姻中的缺欠，也不可能有你所理想的结局。不要让婚外情中的痛苦、孤独和愧疚折磨自己，也不要用婚外情去伤害对方、伤害双方的家人。珍重自己的人格，也要尊重对方的感情和尊严。倘若你已没有了有生命的婚姻，那么，可以从死亡的婚姻中走出来，再寻求真真正正、完完全全属于自己的感情归宿。

第八章 商场进退之道：
做生意之前先经营好关系

经营事业就得经营关系，广结善缘、互相合作、和气生财，会让你在激烈的市场竞争中收放自如。商海中再坏的时机也有人赚钱，再好的时机也有人破产，再坏的事业也有人成功，再好的事业也有人失败。

1.广结善缘，共同发展

俗话说："小才不知有缘，不懂用缘；中才知道有缘，但不善用缘；只有大才，知缘而且善用缘。"

面对当今竞争日益激烈的社会，人们通常认为，商场如战场，竞争就是拼杀，互相吞并。其实广结善缘，共同发展，才是经商之道。

李嘉诚先生是香港十大富豪之首。美国《财富》杂志给他评估的身价是130亿美元，在2005年的福布斯世界富豪排名中，名列第25位。李嘉诚先生的成功，除了靠勤劳和眼光锐利之外，与他以诚待人、以信待人，在稳健中求发展分不开。他14岁就到一家塑胶表带厂工作，并很快成为该厂的营业员。20岁时，工厂提升他为经理。两年后，他用7000元的积蓄开设了自己的塑胶工厂，取名为长江塑胶厂。后来，他在为他的公司命名时，也叫长江。李嘉诚先生曾对"长江"这一名字的寓意做过这样的说明，他说："如果你不要支流，你就不能汇流成河。"他希望这名字使他时常记着，经商需要许多朋友和同伴才会成功。因此，他在生意场上，非常注意与同行们和平共处，也会让一些利益给竞争对手。1985年，他决定以配售方式在伦敦出售"港灯"10%的股份，当时"港灯"的业绩非常出色。于是，李嘉诚所派的驻欧洲的代表马世民建议他延后出售，这样可以卖一个更好的价钱。李嘉诚没有同意，他对马世民说："我们现在出售会给买家带来一些好处，将来再有配售时就会较为顺利。"

"求同存异，共同发展"不仅仅是处理好国与国之间政治关系的良方，也是处理好个人人际关系的妙药。在社会化分工越来越细的现代社会，恪守"物以类聚，人以群分"的陈旧观念的人会使自己陷入某种程度的孤立，与外界隔绝，没有办法实现长期有效的发展。

新光企业集团创办人吴火狮自幼能吃苦耐劳，白手起家，历经50年的勤勉自励，终至创业有成。综观他的一生，他的成功哲学除了"不断突破"之外，就是"广结善缘"四个字。吴火狮是一位知缘而且善于用缘的大才，他常说："人脚会带来肥水。"这句话最足以说明他的"惜缘"。他在商场纵横数十年，平常待人谦虚周到，极少树敌。他虽已是亿万富翁，但毫无娇贵之气，与各种各样的人都能打交道，并且相处融洽，他结交广泛，人缘非常好。由于人缘好，遇有机会，别人自然会鼎力相助，这是他的成功之道。

在一些社交场合会发现，大家自我介绍时，通常听得较多的两个字就是"圈儿"。有的人说自己是在广告圈儿里混，有的说是在设计圈儿，有的在营销圈儿等如此种种，只要在某个职业后面加上个"圈儿"，就像自己已有了归属的栖息地，似乎有了些许成就感。有时还会发现，在"同圈"里的人之间，也要较圈外的校友之间亲热了许多，更有甚者根本不与圈外的人相接触。

圈圈主义有时会限制人们的视野，像是阻碍人们发散性思维的屏障，不但把人的思维给束缚住了，也把一个人的想象空间给人为地缩小了。很多人在做事的时候会因此而瞻前顾后：他会感到这样做有难处，那样做又不符合圈里的作风。而且，"圈子"还有一个最大的缺点，就是同一圈里的人经常互相吹捧，以至于有时都不知道自己的真正分量！

随着社会经济的不断发展，社会化大生产日渐成熟，圈圈主义的弊端越来越显现出来。据说，波音747飞机的机身有几十万个零部件，它们分别来自世界各地上千个厂家，他们有的是制造汽车的，有的是制造橡胶的，甚至有的是制造啤酒瓶盖的。如果按照"圈圈"划分，他们肯定很难是"志同道合"的"朋友"，但是一架波音747飞机的生产却使它们紧密地联系在一起。

从古至今，"物以类聚，人以群分"这句话在中国至少流传了几千年之久。它为不同时代的人们提供了交朋择友的理论依据。然而随着社会的进步，今天这个观念显然已经跟不上时代的发展。在社会化大生产分工越来越细的今天，在很大程度上就要借助一些圈儿外的力量，广结善缘了。

2.一个好汉三个帮

在商海中，随时都会有风起云涌波涛澎湃的时刻，一个人单打独斗，难免会势单力孤。常言说：饿虎架不住群狼。一个人要想成就一番事业，需要有得力的人才辅佐，网络众心，必须具有广阔的胸怀。"承认其他人的长处，得到其他人的帮助，这便是古人说的"有容乃大"的道理。

在创业阶段，资金通常并不是最重要的东西，重要的是要有良好的人际关系。就像一位企业家所说："我之所以能有今天的成就，单靠自己的力量是办不到的，而是得力于我广泛的人际关系，得力于我的好帮手。"许多成功人士用事实证明了这个企业家所说的话。

菲力·斯通到达底特律不久，因为一点小误会辞掉了他姑父公司的工作，决心自己设立公司制造轮胎，这时，他手头只有几百块钱，仅够买十几只轮胎的原料。

后来他拉了两个朋友投资，其中一个就是带他去坐豪华马车的威克多。三人凑了一些钱，在芝加哥成立了一家公司，名字是"菲力·斯通—威克多橡胶公司"。为什么要把公司设立在芝加哥，不设在底特律呢？说起来，这又是菲力·斯通眼光过人之处。

在他推销调味品时，他对这个美国第二大城的街道情形很熟悉，知道街上铺的都是鹅卵石，路面非常不平，连马匹走在上面都要穿橡胶鞋。他相信没有任何一个大城市需要橡胶轮胎比芝加哥更迫切，而且这一城市人口多，要是车辆多对它初期的发展一定有很大帮助。

可是，他的两个股东并不了解这一点。"底特律是车辆发展的重镇。"他们说，"而我们将来的产品正是供车辆用的，何以要舍近求远呢？"

"因为我们初期的供应对象是以马车为主，"菲力·斯通说，"同时，底特律是制造车辆的城市，但能体验坐车滋味的人并不多，你们知道，此地有很多工人造了十几年的车辆，而自己却一次车也没坐过。像这样的人，怎会知道橡胶轮胎的车子坐起来这般舒服？"

费了很多唇舌，菲力·斯通总算把两个股东说服了，开始在芝加哥制造轮胎。但彼此合作了没有几年，这家公司就出让给别人了。

他当初出的本钱少，所以分到的钱也不多，但足够他到俄亥俄州的亚克朗市去创业用的了。

亚克朗是美国"橡胶之城"。菲力·斯通做了几年轮胎之后，深深了解到，要想求大发展，一定得有充足的原料。所以在芝加哥生意结束之后，他毫不迟疑地独自到了这个橡胶汇集的城市，成立了"菲力·斯通橡胶轮胎公司"，自己当了老板。

开始时，他的资金不多，只能小规模经营，他于1903年8月，成立了"燧石轮胎橡胶公司"，此公司现在已成为美国最大的轮胎公司之一。

燧石公司成立的初期，只有几个工人，厂房也小得可怜，是一家旧机器店腾出来的房子。不过，在这段惨淡经营的时间里，菲力·斯通找到了一个好帮手，使他的事业得到快速的发展。

这也可说是菲力·斯通一生中所遇到的第一个贵人。

这个人叫罗唐纳，他拥有一项专利，在轮胎上加上横钢条，使之与车轮内线密切结合，轮胎不会脱落。这项专利已核准几年，但没有人对这一设计产生兴趣，加上那时信息传播不畅，即使有想要的人也不一定知道。

罗唐纳曾与几家厂商接触过，但都不愿意冒险试制，而他自己穷得连饭都快吃不上了，当然也无力自己设厂制造。眼看着如此好的发明无人欣赏，罗唐纳在气愤失望之余，发誓不再对任何人提起发明的事。

菲力·斯通来到亚克朗城时，罗唐纳已沦落到做工人的地步，由于他情绪太坏，下班后常喝得酩酊大醉，人们都叫他"醉罗汉"。

菲力·斯通在听说过"醉罗汉"的传闻后，对"醉罗汉"的行为感到大惑不解，他有什么苦衷吗？为了弄清原因，几经周折，菲力·斯通终于见到了罗唐纳。两个人来到罗唐纳经常去的那间酒吧，找了个安静的角落，对面而坐，像老朋友一样谈起往事。

罗唐纳先谈他的不幸："我发明的东西没人要也就算了，最可恨的是很多人讥笑我、羞辱我。"

"你发明的究竟是什么东西？"

"是胶胎与车圈密切接合的装置，使轮胎不易脱落。"

"这是个很好的构想啊！"菲力·斯通脱口说道。

罗唐纳在他脸上注视一会儿，仿佛要看清他是真的赞美还是在讽刺。"是的。"他说。没有虚套、客气，"这是个很实用的东西，可是，几乎没有人赏识它。"

"有很多新发明都是这样的。"菲力·斯通说，"它们也跟人的命运一样，要碰机会。"

"我费尽心血研究出这么一个东西，没有人要也就算了。"罗唐纳的表情像在叙述痛苦的往事，"我最不能忍受别人拿它来取笑我。为了这个鬼东西，我真的受尽了人们的戏弄。一年前，我带着设计图样和专利证书，去找史道夫，他是本地的橡胶巨子之一，正在努力开发新橡胶产品，不料找到他之后，他看了一下图样，突然把它扔在地上。"

"这是为什么？"

"他说我是个骗子，随便弄些小孩子玩意来骗他的钱。"罗唐纳的眼睛涌满泪水，嘴唇嚅动几下，没有再发出声音来。

"你可以拿专利证书给他看啊！"

罗唐纳沉默一会儿，抑制住内心的悲痛，不让泪水流下来。"我本来不想给他看的，但为了证明我不是骗子，我最后把证书拿了出来。"他说，"他拿过去只在上面瞄了一眼，就像处理废纸一样，用手搓揉一下，塞进我的口袋里，并阴笑着说：'这是糊弄土包子的玩意，只有我们制造厂家知道什么东西能赚钱，审查专利的都是些外行。'"

罗唐纳咬着嘴唇停了一会儿，接着说道："这些话远不是最难听的，当他最后轰我走时，说了两句话，才真伤透了我的心。他说：'也许你想发财想得入迷了，才用这玩意儿到处引人上钩，哼，真是异想天开！'"说到这里，罗唐纳的泪水终于忍不住簌簌地流了下来。

菲力·斯通用手按住他的肩头，安慰他说："不管你发明的东西我是否用得着，我一定要交你这个朋友。"

后来，菲力·斯通正是应用罗唐纳的那项专利，才取得了成功。

试想，如果菲力·斯通没有遇到罗唐纳，可能他的成功来的不会那么快。一个人一份力，一种思想，而两个人就会有两份力，两种思想，一个人做不到、想不到的事情，两个人或多个人就能做到，就能想出办法。人生在世，谁都难免会遇到险阻，用他人之长来补己之短，与他人合作，相互补充，彼此提高，只有这样，才能更快地走向成功。所以我们说：一个好汉三个帮。

3.顺水推舟，巧送人情

要想获取，必先施予。本来没有什么大功绩，在处理人际关系时，有时候只需要顺水推舟，就可两边落好，大落人情，这是为人处世的高手所为。通常情况下只要使用方法和时机得当，付出较低的成本和代价也可获得人心。

由于李嘉诚在塑胶业的实力及声誉，他被推选为香港潮联塑胶制造业商会主席。在此任上，李嘉诚做了一件功德无量的事，至今被香港商界传作佳话。

1973年，石油危机波及香港。香港的塑胶原料全部依赖进口，香港的进口商趁机垄断价格，将价格炒到厂家难以接受的高位。

年初的每磅塑胶原料是6角5仙（分）港币，秋后竟暴涨到每磅4~5港元。不少厂家被迫停产，濒临倒闭。

其时李嘉诚的经营重心已转移到地产上，因此，这场塑胶原料危机，对他影响并不大。况且，李嘉诚的长江公司本身有充足的原料库存。但李嘉诚这时毫不犹豫地决定挂帅救业。在他的倡议和牵头下，数百家塑胶厂家入股组建了联合塑胶原料公司。

原先单个塑胶厂家无法直接由国外进口塑胶原料，是因为购货量太小。现在由联合塑胶原料公司出面，需求量比大进口商还大，因此可以直接交易。

联合塑胶原料公司将所购进的原料，按实价（其实并不高，只是被进口商炒高了）分配给股东厂家。在厂家的联盟面前，其他大进口商的垄断不攻自破。

最终，笼罩全港塑胶业两年之久的原料危机，一下子烟消云散。

李嘉诚在救业大行动中，还将长江公司的12.43万磅原料以低于市价一半的价格出售，以救援停工待料的会员厂家。直接购入国外出口商的原料后，李嘉诚又把长江本身的配额——20万磅，以原价转让给需量大的厂家。

危难之中，得到李嘉诚帮助的厂家达几百家之多。

李嘉诚被称为香港塑胶业的"救世主"。

俗话说，患难见真情。李嘉诚救人于危难的义举，为他树立起崇高的商业形象，他的信誉和声望义薄云天。信誉和声望无疑又会回馈他无尽的生意和财富。

且不论李嘉诚是否有更高层次的思想意识，就以商论商，李嘉诚此举，无疑是经商的上乘之作。

由此我们不难悟出，当业中同行需要你施以援手，而你又有能力时，你该怎么办？

落井下石，踩沉对方，可以少一个竞争对手。但切不可忘记，即使真能扼杀了对方，总会有新的竞争对手崛起。一个人不可以独霸一个行业，一个人是赚不完所有的钱的。

正确的取向是，应该从李嘉诚的行为中汲取精义。救人于危难之中，这样，会为你赢得人缘、信誉及声望，从而为日后创大业、赚大钱埋下伏笔。以李嘉诚的例来说，一个被称为"救世主"的人，谁不愿意和他做生意呢？

此外，如果能在做人情的过程中，把他人的利益放在明处，将自己的实惠落在暗处，不但会达到自己的目的，而且可以获得对方的人情，可以名利双收，"甘蔗可以两头甜"。

1987年10月1日，香港股市恒生指数飚升到历史高峰的3950点。牛气冲天，正是售股集资的大好时机。此前，9月14日，李嘉诚宣布长实系4家公司——长实、和黄、嘉宏和港灯合计集资103亿港元。这是香港证券史上最大一次集资行动。

长实系发行的新股，将由5家证券经纪公司包销，向公众发售。

10月19日，美国华尔街股市突然狂跌508点，造成香港股市恒指暴跌420多点。这场股灾毫无预兆，其突发性令全球股市行家及学者大惑大迷。

10月26日，香港股市恒指更暴挫1121点，全面崩溃。当时，5家包销商所拟定的供股价都较市价高出30%以上。根据协约规定，长实系的大股东或控股公司与5家包销商共同对半承担其责任。也就是各负责51.5亿港元。结果，长实系4家公司的集资计划大功告成。李嘉诚靠他的智慧，更靠他的运气，侥幸躲过这场始料不及的股灾浩劫。长实系上市公司市值下跌，但实际资产依旧。而包销商则欲哭无泪——他们必须承担包销的风险。

股灾中，李嘉诚首先站出来"救市"，他以大局为重，认购了数亿股票支持股市。

这就是被有关传媒评价的"百亿救市"行动。李嘉诚在这次股灾中再次扮演了白衣骑士的角色。

4.做老二，不做老大

曾看过一篇关于一位电脑业老板的专访，这位老板提到他的企业与另一家孰大孰小的问题，他说他不想去跟那一家比，也不必去跟他比，他强调他采取的是"老二政策"。他说，当"老大"不容易，因为不论是研发、行销、人员，还是设备，都要比别人强，为了防止被别的公司超过去，便不断地扩充、投资。换句话说，就是要花很多力气来维持老大的地位！他说，这样太辛苦了，而且弄不好，不但老大当不成，甚至连想当老二都不可能。这只是他个人的想法，也许现实生活中并不完全是一样的。

不过这位老板所说的却也是事实——当"老大"的，要费很多力气来维持"老大"的地位，没有这个实力的，不应勉强争做"老大"。不只从事企业经营的如此，上班拿薪水的人也是如此，比如主管就是该部门的"老大"，该老大为了保住他的位子，不但要好好带领手下，还要和上级长官搞好关系，以免位子不保。有功时，主管当然功劳第一，但有过时，主管当然也是首当其冲。但当副主管的就没这么多麻烦，表面上看，他不如主管风光、神气，但因为上有主管遮风避雨，所以可省下很多辛苦。因此很多人宁可当"副手"，而不愿当"一把手"。

这么说，并不是不要你去当老大，如果你有当老大的本事，也有当老大的兴趣和机会，那么就去当吧！但如果你自认能力有限，个性懒散，那么就算有机会，也不要去当老大，因为当得好则好，没当好一下子变成老三老四，不但对自己是个打击，在现实的社会里，甚至还会遭到别人对你不利的批评或闲言。很多人是扶旺不扶衰的，你一从"老大"的位子上下来，就可能有人落井下石，于是本来还可当老二的，却连要当老三老四都有问题了。

如果事事都想极力表现自己，争做老大，那么往往不会有好的结局，看看下面这个故事就知道了。

小范毕业于上海某大学金融专业，毕业之后到一家国有大型企业担任销售助理一职，试用期6个月。

小范毕业以后和这家国有企业签订了试用期合同，销售助理这个职位让他觉得能够完全发挥自己的能力。在业务方面，小范完成得十分出色，一次业务谈判，连老总都对他刮目相看。但令人意外的是，6个月试用期结束时，公司人事部门却委婉地告诉他："'五一'长假结束后，你不用来公司报到了。"

"现在想想，可能是我表现得太好了，有些人际关系的问题没有注意，反而丢了工作。"丢掉工作后的小范向朋友说起这件事时只能这样苦笑着说。当时，通过层层面试进入单位，小范自然想好好表现，但是过犹不及。事后才知道，单位领导和同事对他的能力没有任何疑义，但是对于他的综合表现给予了四个字——"锋芒太露"。过于希望崭露头角，不注意处理人际关系，对于前辈、同事也不够尊重，这些都是小范的致命伤。更让领导和同事难以接受的是，对于他们的一些错误，以及单位某些制度上的不健全，小范都会毫无保留地提出，丝毫不注意情面。

对于自己的意外出局,小范无奈地表示,可能自己对怎样处理社会关系还不是很明白,想把事情做好,结果却适得其反。"就拿那次谈判来说,我确实完成得很出色,但是后来觉得有些越俎代庖了。其实我只不过是个销售助理,很多事情还是应该让销售经理来处理和决定,我当时没有意识到。后来老总表扬了我,反而让我们经理脸上难看了。"虽然满肚子委屈,但小范也无可奈何,只得接受这个事实。

经营企业也是如此,"龙头老大"的位子不是那么容易坐得住的,一旦不保,就会给人"某某公司倒了"的印象,于是兵败如山倒。想要力挽狂澜恐怕也没有那么容易!所以,当"老二"的确也有其实际的地方,这也就是许多人宁当"老二"不当"老大"的原因。其实当"老二"还有其他的好处:静看"老大"如何构筑、巩固、维持他的地位,他的成功与失败,都可作为你的经验和教训;可趁此机会培养自己的实力,以迎接当"老大"的机会(假如你有当"老大"意愿);因为志不在"老大",所以就不会太急切,造成得失心太重,不会勉强自己去做力所不能及的事情,这样一来反而能保全自己,也会降低失败的概率。因此,做事或经营企业,不要急于当"老大",如能好好地当"老二",当主客观形势形成时,自然就会由"老二"变成"老大",这个时候的老大,才是真正的"老大"。

中国台湾企业的经营管理概念中,有一种叫"老二哲学"的说法,就是不做第一,不做第三,而只是紧紧跟在排名第一的后面做老二,瞄准机会再冲刺第一。或许是暂时不愿做"出头鸟",或许是想挂在后面搭个便车,但最终是没有一家会甘居第二的,"老二"也只是个过渡。创业者在创业之初,要学会做"老二"。

做人也好,经营企业也好,不要一心只想做"老大",枪打出头鸟,所以,在时机不成熟时,在能力、资历尚浅时,不妨低调一些,做一下"老二",也许会是另外一番天地。

5.与人"牵手"，互惠互利

办大事，成大器，自己力量不够时，不要硬撑着，该借力就借力。

一个人的能力是有限的，只有善于与人合作，才能弥补自己能力的不足，达到自己原本达不到的目的。

真正的合作，是取得成功的最佳方法，凡是成功的经商者，都力图通过合作的方式来成就自己。

清末名商胡雪岩，自己不甚读书识字，但他却从生活经验中总结出了一套哲学，归纳起来就是"花花轿子人抬人。"他善于观察人的心理，把士、农、工、商等阶层的人都聚拢起来，以自己的经济优势，与这些人协同作业。由于他长袖善舞，所以别的人也为他的行为所打动，对他产生了信任。他与漕帮协作，及时完成了粮食上交的任务。与王有龄合作，胡雪岩也有了机会在商场上发达。如此种种的互惠合作，使胡雪岩从一个小学徒工变成了一个执江南钱庄业之牛耳的巨商。

能力有限是我们每个人的问题。但是只要有心与人合作，善假于物，就可以取人之长，补己之短。而且能互惠互利，让合作的双方都能从中受益。

庄吉集团之所以能取得成功，就是其领导人陈敏在前进的道路上不断寻找合作伙伴，从而加快了其成功的脚步。

"'庄吉'这两个字，是与'质量温州、品牌温州、信用温州'的渐进实践联系在一起的，它代表了温州民营经济的发展进程。"说这番话的是温州服装商会会长、庄吉集团有限公司董事长陈敏。

作为一位著名的民营服装企业家，1982年，陈敏曾在温州市工艺美术研究所工作。创业的冲动，使陈敏不安于平淡的工作。一天，他突发奇想："温州服装生意这么好，何不试着做做？"在国内商品稀缺的年代，温州前店后厂的服装生意很是火爆。陈敏便和自己的同学一起到百货公司去买面料，请人加工制作了5件风衣拿到市场上去试销，结果一周后全部销出，每件获利20元。这第一个100元给了陈敏很大的鼓舞，改变了陈敏的命运，使他从此与服装业结下了不解之缘。

陈敏在27岁时正式下海，创办了温州华联服装厂，生产、经营西服。20世纪80年代末，正是温州服装红遍大江南北的时候。款式新、价格低、变化快、销售渠道畅通等诸多优势，使温州服装企业饱尝了甜头。赶上这一创业的繁盛期，"华联"的产值也成倍增长，第二年就赚了100多万元。经营实践使陈敏认识到，温州服装不打自己的品牌很难有长足的发展，为此，他请人设计了三个商标，从中选了一个"金顶针"。"金顶针"很快在温州脱颖而出，1995年时产值超过2000万元；利润居温州市同行业之首，而且创造了产品无积压的奇迹。在理性思考和实践灵感的碰撞中，陈敏领悟到：办企业不仅仅为了谋生，更需要营造企业文化、提升员工素质、实现企业的更高目标。这使陈敏在品尝创造的快乐的同时，也完成了自己的原始积累，进入了企业经营的新境界。

当物质积累达到一定的程度后，人的精神需求也会随之升华。1995年，全国服装行业百强评比，有上万家成员的温州服装企业竟然无一上榜。进而陈敏还看到，有13亿人口的中国服装工业在国际上名不见经传。作为服装行业的一员，一种强烈的民族自尊心和责任感促生了陈敏的一种强烈愿望："为民族服装工业争品牌。"这一理念一旦形成，便成为他的一个不解"情结"，也决定了他以后的发展道路。

有了这一触动，陈敏想，如果把温州几家规模较大、效益较好、影响力较强的服装企业组织起来，走联合发展的道路，组建温州服装工业集团，不就可以形成温州服装联合舰队了吗？而有了这只"联合舰队"，不就可以做大做强温州的服装工业了吗？进一步，利用这种合力还可以创造出中国一流的服饰名牌产品。遗憾的是，当陈敏把欲组建温州服装联合舰队的想法提交"金顶针"董事会时，当即遭到了其他股东的坚决抵制，他们担心"金顶针"会被其他企业拖垮。此时组建温州服装"联合舰队"已经成为陈敏梦寐以求的强烈愿望，同时这一设想也成为其他同行企业嘲笑的把柄。

或许是命运之神的有意安排，此时，时任温州庄吉服饰有限公司董事长的郑元忠也在苦苦寻求将企业做大做强的发展之路。在不断充实自己和创立品牌的过程中,有两件事使郑元忠对品牌有了很深刻的认识:一件是买衣服的事。有一次他到商场买了一套国外某著名品牌的西服,标价是4000多元,而他看到国内某品牌的西服,面料、款式相近,标价却只有1000多元,这使他在感叹巨大差价的同时也在心中树起了创立中国品牌与洋人一争高下的信念。另一件是卖衣服的事。郑元忠到温州市经济技术开发区创建了庄吉服装有限公司之后,在杭州某大商场,庄吉专柜和国内某品牌的专柜紧紧相邻,因为另一品牌创立时间较早,知名度较高,西服的售价差距很大,庄吉的西服只能卖900多元,另一品牌同款、同料,工艺还不如庄吉的西服,却能卖到1900多元,而且卖得很火。这一残酷的现实让郑元忠真正地感到切肤之痛。

正缘于同一种共识和同一种目标,1995年,在温州服装商会的一次活动中,陈敏见到了郑元忠。通过交谈,在创立服装名牌、探索联合发展、为民族服装工业争品牌等问题上,两人发现彼此之间有着惊人的相似或相同的看法,因而颇有相见恨晚的感觉。志同道合的理想和信念使陈敏和郑元忠的手紧紧地握在了一起。他们认识到,民营企业只有走联合发展之路,才能在最短的时间内做大做强。

有道是人生知音难觅。正缘于此,陈敏在与金顶针公司其他股东意见难以统一的情况下,1996年初,从"金顶针"撤出了自己的所有股份,将资金全部投向了郑元忠的庄吉公司。同年3月,庄吉集团有限公司宣告成立。

在联合的道路上迈出第一步后,陈敏和郑元忠又邀请时任浙江精益电器集团有限公司董事长的吴邦东加盟。这使得"庄吉"的联合,一开始就摆脱了亲缘和家族的局限,建立了一整套新型的法人治理结构,率先在温州推行现代企业管理制度。在当时情况下的温州,此举可以说是对"宁做鸡头,不做凤尾"的传统经济的超越。此时陈敏对温州服装业的发展有了更加清晰的认识:实行现代企业管理制度,走集团化发展之路,以现代企业文化推进产品升级,全力开创温州服装名牌,走向全国乃至世界。

中国民营企业界学者型老板冯仑曾说:民营企业跟梁山的组织机构很像,

大家目标一致后，事业一开始就是"排座次，分经营，论荣辱"三关，不少企业为这三关斗得矛盾四起甚至不欢而散，温州也不乏其例。有趣的是庄吉虽未能免俗，却很顺利地过了这三关。正缘于此，很多熟悉的人谈到庄吉时，无不称道郑元忠、吴邦东和陈敏的三人组合是"黄金三角"，堪称样板。

与人交往是人的一种本能，与人合作又是快乐的源泉，那就应把它融于工作之中，建立良好的合作关系，在合作中体味成功的快乐，展现良好的品格。

6.营造融洽的商业谈判气氛

在生意谈判的开始阶段，首先有一项非常重要的工作要做，那就是建立融洽的洽谈的气氛，它对谈生意成败具有重要的意义。

商业谈判气氛是谈生意对手之间的相互态度，它能够影响谈生意人员的心理、情绪和感觉，从而引起相应的反应。倘若你经历过商业谈判，你不会忘记那次商业谈判的气氛吧？或许是冷淡的、对立的；或许是松弛的、旷日持久的；或许是积极的、友好的；也有严肃的、平静的，甚至还有大吵大闹的。通常，积极友好的气氛对商业谈判有很大帮助，它使谈判双方轻松上阵，信心百倍，高兴而来，满意而归。

营造一个融洽、友好的商业谈判气氛可以通过以下几种方法来做到。

（1）给对方一个好的感觉。商业谈判正式开始后，双方见面的短暂接触对商业谈判气氛的形成具有关键性作用。

①恰到好处的寒暄。谈谈大家都有兴趣的话题；点到为止地谈点私人问题；如果双方认识的话，可与对方开个玩笑。

②可以打开心灵之窗——眼睛；适当的手势语可以化繁为简，此外，动作语言可以使全身放松。

③为避免商业谈判开头的慌张和混乱，可以试着站着谈生意，那样会更轻松、更自由、更灵活；做好充分的准备，战略上藐视敌人，战术上重视敌人；

凝神、坦然直视对方；轻快入题。

④调整、确定合适的语素进行商业谈判，切忌滔滔不绝，那会给人慌慌张张的感觉；也不可慢条斯理，不要让自己无话可说；在说的过程中察言观色，捕捉信息，确定合适的语素。

（2）当诙谐幽默的商业谈判气氛形成后，并不是一成不变的。本来轻松和谐的气氛可能会因为双方在实质性的问题上的争执而突然变得紧张，甚至剑拔弩张，一步就跨入谈生意破裂的边缘。这时双方面临最急迫的问题不是继续争个"鱼死网破"，而是应尽快缓和这种紧张的气氛。此时，诙谐幽默无疑是最好的"武器"。

（3）预期理由引诱法。例如，某机器销售商对其买主说："贵方是我公司的老客户了，因此，对于贵方的利益，我们理当给予优惠照顾。现在我们已获悉，在年底之前，我公司经营的这类设备要涨价。为了不使老客户在价格上遭受不必要的损失，我方建议：假如你方打算订购这批货，要求在半年到一年内交货，就可以趁目前价格尚未上涨之时，在订货合同上将价格条款确定下来，那么这份合同就有价值保值的作用，不知贵方意下如何？"

如果此时该产品市价确实有可能上涨，那么这番话就很有诱惑力，对方往往会倾耳细听，并做短暂考虑。见到买主犹豫不决，这位销售商又补充道："如若此事早日定下来，对于卖方妥善安排投产、确保准时交货是有利的。"买主仍有些踌躇不定。"我们可以随时撤销合同，当然必须提前三个月通知我方，以便对供货另做安排。"销售商又加上一道保险。此时买主还能说什么呢？于是很快便同意签订合同了。

（4）投其所好的引诱法。美国商业谈判专家荷伯·科恩在其《人生与谈生意》一书中追忆了他在几年前初次与犹太商人谈生意时，因缺乏经验被对方击败的情形：（荷伯先生的上司决定派他到以色列去谈笔生意。）"我太高兴了，我曾兴奋地对自己说：'这可是展现自己才华的一次好机会。命运在召唤我，我要扫清犹太人，然后向国际进军。'……一周之后，我乘上去以色列的飞机，参加为期14天的谈判。我带了所有关于犹太人精神和心理的书籍，一直对自己说：'我一定干好。'……飞机在以色列着陆了，我小步跑到舷梯。下面两个以色列人迎接我，向我客气地躬身行礼，我喜欢这个。那两个以色列人帮我通过海关，然后陪同我坐上一辆大型豪华卧车。我舒服地倚在绵绒座背上，他们则笔直地坐在两张折叠椅上。我大大咧咧地说：'你们为什么不跟我一样，后面有的是地方。''噢，您是重要人物，显然您需要休息。'我又喜欢这个。在行驶途中，其中一位以色列人问道：'请问您懂日语吗？''不懂，不过我打算学几句，我还带来了字典。'他的同伴又问我：'您是否关心您返回去的乘机时间？我可以安排车子去送您。'我心里想，多能体谅人呀。我从口袋里掏出返程机票给他们看，好让他们知道什么时候送我回机场。当时我并不知道他们就此知道了我的截止期，而我却不知道他们的截止期。以后的日子，他们没有立即开始谈生意，而是先让我领略了一下犹太人的文化。我的以后整整一周的时间都在旅游。每当谈生意时，他们会推辞到：'时间有的是，时间有的是。'每晚有四个小时，我被安排在硬木板铺上进行晚餐和文艺欣赏。你可能难以想到这么久在硬木板上是什么滋味。如果你蹭不出痔疮的话，你的体会永远是肤浅的。而当我要求谈生意时，他们就说：'时间有的是。'到了第12天，生意总算要开始谈判了，但又提前结束了，以便为打高尔夫球挪出时间。第13天又开始要谈判了，但又提前结束了，因为告别宴会需要时间。最后一天，我们正式又开始认真地谈生意。正当我们深入到问题的核心时，卧车开来接我去机场。于是我们都挤入车里，继续着生意谈判。"不幸的是最终荷伯·科恩以惨败而归。

由于犹太商人对荷伯·科恩谈生意的截止时间了如指掌，先把相互关系搞好，投其所好，而只为正式谈生意挪出一天时间，因此，荷伯·科恩产生了很大的时间压力，所以他为完成上司的任务而不得草率签约。

营造一个融洽的商业谈判气氛十分重要，它可以加快谈判的进程，促使商业谈判取得成功。

7.先做人，后做生意

在商场中，人们极为看重为人之道，认为做生意在本质上就是做人，因而人品最为重要。很多商业实践都已证明：商业的成功与高尚的品德密不可分，商人只有具备高尚的品德，才能享受真正的成功和永久的快乐。

山西盂县商人张静轩说："经商交结务存吃亏心，酬酢务存退让心，日用务存节俭心，操持务存含忍心……前人之愚，断非后人智可及，忠厚留有余。"由于晋商严于律己，为人诚恳忠厚，行商不欺诈，故人们都愿意与之共事。

在做人修养上晋商表现出了诚实忠厚的一面。他们认为"和气生财""和为贵"，凡事不做过分，不做法外生意，讲求以诚待人。晋商与同业往来中，既保持平等竞争，又保持相互支持与关照。

运营资本乃商家之生命，犹如血脉，须臾不可缺少。但做生意，难免有短缺之时，互助借贷，是常有的事。如何对待借债，对商家和个人的品格无疑是一大严峻的考验。有"天下第一乔"美称的乔家，对债务的态度是：该外的一文不短，外该的听其自便。

有一家商店关门时，尚欠复盛公1000两银子，复盛公就去那家店里拿了一把斧头了事；有一家商号倒闭时尚欠复盛公5万两银子，其经理登门向"乔老爷"请罪，"乔老爷"只是安慰，并不追究欠债。若仅从表面上看，乔家让借债人"听其自便"，而借债人的"自便"除感恩戴德外，那就是广为传颂了。无疑，乔家实际上等于借此做了一个永久的"活广告"。这件事在当时传为美谈。乔家的信誉也因此越传越广，越传越牢靠，从而财源也就滚滚而来了。

商人的价值目标追求，首先建立在人格道德信用和商业信誉基础之上，然后才能实现其商人的价值目标和商业的盈利目的。晋商为了实现这一价值目标而自我修养、正身的追求，使得洁身自好成为风尚。若有人一旦在人格尊严上有不佳的口碑，遂为同行所不齿，乡里所卑，亲人所指，失去营生，再业无门，也无颜回故土。也正因为如此，明清晋商敬业心强，商业信誉卓著，事业发达，为世人刮目相看。

　　用单一的道德标准品评人，分出好人、坏人，并不一定公平和正确。人诚实或虚伪，一时之间，很难分辨。但随着时日的增长，两者分界逐渐明显，一个人是诚实还是虚伪，其日常的言行举止总会有所表现。所以说，生意人应当爱惜自己的人品，因为人品是立身之本，对事业的成败影响颇大。一个商人无论多么才华横溢，只要品德上有缺陷，终究成不了大器，如果走"歪门邪道"赚钱，迟早会出事。

　　山西榆次鼎泽洲环保产业有限公司生产砖块成型机，在当地很有名。

　　1999年，董事长王永昌招聘了一个叫郭瑛的人做公司销售部经理。郭瑛是一个有能力的人，很快就将鼎泽洲的产品推广到了全国。

　　王永昌很赏识郭瑛，将自己的轿车让给了他坐，还替他买了一套大房子。另外，除了拿销售提成，在王永昌的坚持下，公司还将郭瑛的年薪提高到了10万元。这在当时相对贫困的山西，简直是天价。

　　王永昌的厚待并没有留住郭瑛。不久，郭瑛悄悄离开了鼎泽洲。他想自立门户，自己做一番事业。他做的是：挖鼎泽洲的墙脚。不做不知道，一做吓一跳。郭瑛没料想到这一行业道行竟是如此之深，看起来简单的砖块成型机做起来却复杂异常。郭瑛以失败告终。

　　走投无路之际，他决定重回鼎泽洲偷艺。王永昌不计前嫌，在2000年10月让郭瑛重回鼎泽洲。此时郭瑛提出销售部经理职位太低，与自己的能力不相称，他想当公司副总。王永昌二话没说，立刻提请董事会进行了任命。

　　掌握了大权的郭瑛开始静悄悄地对鼎泽洲进行"改造"。在销售部他排除异己，将销售人员全部换成自己的心腹，将公司广告上的销售电话换成自己的私人手机号码，使鼎泽洲的客户资源慢慢尽在掌握。很快，作为鼎泽洲企业核心竞争力所在的技术部门就被布置上了郭瑛的"密探"。

　　2001年10月，王永昌出国考察，委托郭瑛全权主持公司工作。郭瑛开始行动了，鼎泽洲的核心技术机密，连图纸带数据，被他的技术"密探"一扫而空。在郭瑛的指使下，这些"愿意跟着郭总走"的技术人员在拷贝完鼎泽洲的所有相关技术数据之后，还将这些技术数据从鼎泽洲技术部的计算机里删得一干二净。

郭瑛离开鼎泽洲后，立刻注册了"东方天宇环保科技有限公司"，生产的产品除了名称有所改变，几乎就是鼎泽洲产品的翻版。在郭瑛公司的冲击下，鼎泽洲失去了独占技术，又几乎失去了所有客户资源，结果一败涂地。一筹莫展的王永昌不得不向公安局报案。2002年1月25日，郭瑛以涉嫌侵犯他人商业机密罪被捕。郭瑛得到了他应有的惩罚。

王永昌对郭瑛有知遇之恩，郭瑛并没有对王永昌保持忠诚，反而采取不道德和违犯法律的方式达到自己的目的，郭瑛偏离人间正道是咎由自取。这值得人们引以为鉴。

当代著名投资家索罗斯极为重视人品的高下，认为一个人仅仅才华出众是不够的，还要有上等的人品。他喜欢诚实的人，对那些做事自私、不够诚实的人，尽管他们十分聪明，也会请他走人。索罗斯说："对那些才气纵横的赚钱高手，如果我不信任他们，觉得这些人的人品不可靠，我就绝不希望他们当我的合伙人。"

一次，垃圾债券大王麦克·米尔被起诉后，垃圾债券业务出现真空，索罗斯很想进入这一黄金领域。为此，他约谈了好多位曾在米尔手下做过事的人，想请他们做合伙人。但是，索罗斯发现这些人有某种忽视道德的态度。他最后放弃了这些人。他觉得他团队有这些人参与他会很不舒服，尽管他们积极进取又聪明能干，也很有投资天分。

索罗斯认为，如果一个人不值得信任，即使这个人拿来世界上所有担保品来作担保，也不要借钱给他。索罗斯之所以如此看重合伙人的人品，是因为他认为，金融投资需要冒很大的风险，而不道德的人不愿意承担风险。这样的人不适宜从事负责、进取、高风险的投资事业。索罗斯说："冒险是很辛苦的事，不是你自己愿意承担风险，就是你设法把风险转嫁到别人身上。任何从事冒险业务却不能面对后果的人，都不是好手。"

索罗斯的团队里曾经有一个人私自在一处债券上投资了1000万美元，结果投资虽然盈了利，但索罗斯认为，这个人对自己的行动不负责任。索罗斯后来解雇了这个人品欠佳的合伙人，他认为，投资作风完全不同的人在他的团队里都可发挥作用，但人品一定要可靠。

8.信誉常在，财源才能长流

做生意的人十分注重"信誉"二字，因为只有信誉常在，财源才能长流。

中西制药公司经理刘霁岚锐意求新，健全制度，不仅继承了其父刘秉彝在制药工艺上选料严格、制作精细和在经营上扶贫济困的传统，而且善于把握时机，推行新法，改进质量。

在长期经营实践中，他制订了四句话奉为"中西精神"：信义为立业之本，博爱为处世之本，睿智为发达之本，求新为进展之本。

刘霁岚的父亲刘秉彝在长期临床实践中感到妇女与儿童常病均缺少有效的成药，多用草药汤剂，这不但量大难于下咽，而且请医就诊和抓药、煎药多有不便，于是悉心研究制出清内热、消积食的儿科良药"保赤一粒金"和专治一般妇女病的"坤中第一丸"小包装成药。经过患者试用，疗效显著，加之便于携带，患者争相购用，声名大噪，生意日好。中西大药房制药业务日渐发达，于民国初年扩大经营，更名为中西制药公司。

天津境内早年河流众多，洼淀棋布，空气湿度大，每逢夏秋，患皮肤病者众多。刘秉彝针对这种情况，又研制出一种皮肤科外用良药，名"濯毒洗血净"（药膏），专治疮痈癣疥，疗效甚佳。1939年水灾后皮肤病患者更多，此药当时正合群众需要，曾一度脱销。

20世纪三四十年代，上述几种成药行销河北、山东、河南、陕西、内蒙古等广大地区。其中保赤一粒金、濯毒洗血净还远销江、浙、皖、闽、粤等地，畅销大江南北，知名度极高，成为千家万户的常备良药。刘霁岚主持药厂后继承其父事必躬亲的作风，给自己规定"三亲"原则，即产、供、销都要亲自参与和把关，尤其是在选购原料和成药制作上更是严格要求，一丝不苟。进货常规做法是派专人去安国等药材市场上择优选购，有一次适逢刘霁岚离津外出，配制保赤一粒金的辅药甘草告罄，即将影响生产。事有凑巧，一个药商来到该厂兜售甘草，因其索价低，业务人员即时买下。刘霁岚回厂后亲自检验，发现其中有部分甘草稍见霉变，于是他拒绝了从中挑选的建议，毅然决定将全部甘草销毁，即使暂时停产也在所不惜，事后作为此次事故的教训，他规定了原料药材进厂"三不准"制度：非固定渠道的药材不准进货，质次价低的药材不准进厂，因保存不当影响疗效的药材不准投入生产。

制作成药投料配比主要工序由刘霁岚亲自主持。烘、炮、炒、洗、泡、漂、蒸、煮等均有严格规定，如制保赤一粒金需用19味药材，每种按比例严格称量，分别先后次序投入，并要求每十七两七钱一定要产出成药17700粒，从而确保药品质量规格。中西药厂还经常调查市场变化，制作方便顾客的新药品。例如濯毒洗血净曾一度销量减少，经了解系因气候干燥以及人们讲究卫生，患皮肤病者减少所致。中西药厂遂进一步研究改变配方，加进珍珠粉等护肤药剂，使该药膏兼有护肤美容作用，而且芳香怡人。通过宣传，改产后的新药销量又大幅度上升。再如坤中第一丸疗效虽高，但因系传统蜜丸剂型，在保存与服用上，患者均感不便。于是刘霁岚购进制西药的机器设备，研究中药西制，终于将丸剂改制成干片剂，每袋装六片，改称"妇女幸福片"，可以长期贮存，携带及服用非常方便，如此一改，即成为畅销药品。

俗语说：青山常在，绿水长流。对一家商店来说，"青山"仿如信誉，"绿水"好比财源，信誉常在，财源长流，这也是个规律。

9.掌握酒桌上的大学问

谈起喝酒，大多数生意人都有过切身体会，"酒文化"是一个既古老、又新鲜的话题。尤其在商务公关事业发展迅速的今天，已经越来越多地发现了"酒"在商务公关中的作用。

如果你是一个商务公关人员，酒桌上的应酬往往会如同家常便饭。而一个好的商务公关人员必懂得举杯祝福的重要性，也必会借举杯祝福"轻松游走"于各类人之中。下面介绍一些"举杯"的注意事项。

（1）谁首先来举杯祝福。男人和生意人有平等权利（或有责任）举杯祝福贵宾。曾在一次很乏味、令人厌烦的私人俱乐部的餐会，有一个最精彩的举杯祝福。当时宴会中的气氛显得低沉、疲倦，似乎十分凝重。在甜点开始时，主人的一位好友站起来，他在最后一道菜上桌时，给每个人都要了香槟。他手上拿着一杯香槟，郑重宣布："在结束今晚的聚会前，我要告诉大家一个好消息，我们老板跟他太太共同投资的事业里，最精良的产品在今天晚上出品。它确实是最完美、无瑕、全功能、设计精良的产品：一位名叫丹丹的女婴。"众人笑得喘不过气来，都站起来举杯祝福老板。在哄笑声中，他坐下来，餐会已经有了热闹的气氛，众人的道贺涌向老板，气氛昂扬。没有人会忘记那个晚上，一个开始时令人乏味的晚餐，最后竟变成了热烈的餐会。

（2）举杯祝福的时间。在西餐中，程序通常是这样的：在餐会开始时，主人先让客人集中注意力，然后说一些简短又热情的欢迎辞，再介绍坐在贵宾席的贵宾；餐会一半时，主人先引起客人的注意，然后转向坐在他右边的外宾；在餐会结束时，香槟酒杯端上餐桌，这是餐会要结束的暗示，在甜点或水果上来之时，香槟倒入杯里，等每个人的酒杯都倒满酒后，主人应站起来举杯祝福贵宾。在中餐中，举杯祝福的时间往往比较灵活，可以在用餐开始之前，也可在用餐过程中，亦可在即将结束时举杯祝福。

（3）个人举杯祝福。在你举杯祝福前，首先要看看其他人的酒杯里是否有酒或饮料。

作为主人，面对要祝福的人，先发表你的评论，最后，正视对方，举起你的酒杯致敬。

若你是被祝福的对象，你不必跟别人那样喝酒，因为你举杯也表示你在祝福自己。你只要微笑着说："谢谢你。"同时手离开酒杯即可。

不要抢在你的主人之前举杯祝福。第一个举杯祝福是主人的权利，换句话说，在你要发动之前，先等等看是否有谁会先举杯。如果好像没有人有意要举杯，而你要做一次举杯祝福时，宜先轻声对你的主人说："你会介意我来一次举杯祝福吗？"有九成的主人会乐意你进行使晚宴与众不同的举动。通常对你的要求，主人都会乐于接受。

最好的举杯祝福时间是1分钟；主要的举杯祝福，时间约3~5分钟。任何超过这个时间的举杯祝福，都会失去它的效益，像漏了气的气球，掉落地上。马克·吐温说过：除非为了自己，任何举杯祝福不应该超过60秒钟，30秒钟已长得足以把值得说的话说完。

在你的举杯祝福里包括的人越多（例如，外地来的所有访客，而不是某一个人），就会散布越多的欢欣。

有人觉得在举杯祝福时，要跟每个人碰杯，其实也并非必要，只要有真诚的眼神和动作即可。

喝太多酒后，不要举杯祝福，因为此时你已失去控制。

若你对一桌10人或略多的人做一次欢迎的举杯祝福，应站起来举杯祝福。若餐桌很小，你当然可以坐着。

其他情况任何人举杯祝福都不需要站起来，不过，若餐桌很大，或包厢内有好几桌，应站起来大声讲话，使每一个人都能分享你的祝福。

（4）回敬举杯祝福。如果你是被举杯祝福的对象，若未在主人祝福你后立刻回敬，就应该在用甜点时或之前回敬。别等到餐会结束时再举杯回敬，那时与会者已站起来准备离去。

你的回敬应该简短（你可以在机智和魅力上赢过你的主人，但绝不要在时间的长度上和主人较量）。若你不太擅于言辞，你只要说："今晚你们给我们一顿美好的晚宴。谢谢你们的殷勤款待，我确信每个人都乐于跟我一起感谢我们了不起的主人。"

最简短的举杯祝福是受欢迎的。若你参加体育活动，正要喝啤酒，可以举起啤酒杯对你的客人说："很高兴你来了。"简短的举杯祝福，像"干杯！"或"敬你！"已变成受国际性欢迎的礼节。

可见，一个好的举杯祝福是智慧、艺术、天赋、技巧的综合，也是一种重要的商业工具。知道如何举杯祝福，就是知道如何为一事建立美好的气氛，把气氛提升到高潮，不仅使祝福的对象愉快，大家也都会很欢乐。一次好的举杯祝福，可以使无聊的夜晚变得非常特别。酒作为一种公关交际的媒介，发挥了独到的作用，所以，探索一下酒桌上的"奥妙"，会对你有所帮助。

第一，众欢同乐，切忌私语。大多数酒宴宾客都较多，所以应尽量多谈论一些大部分人能够参与的话题，得到多数人的认同。因为个人的兴趣爱好、知识面不同，所以话题尽量不要太偏，避免唯我独尊，天南海北，神侃无边，出现跑题现象，而忽略了众人。

特别是尽量不要与人贴耳小声私语，给别人一种神秘感，这样往往会给人以"就你俩好"的感觉，影响喝酒的效果。

第二，瞄准宾主，把握大局。大多数酒宴都有一个主题，也就是喝酒的目的。赴宴时首先应环视一下各位的神态表情，分清主次，不要单纯地为了喝酒而喝酒，而失去交友的好机会，更不要让某些哗众取宠的酒徒搅乱东道主的意思。

第三，语言得当，诙谐幽默。酒桌上可以显示出一个人的才华、学识、修养和交际风度，有时一句诙谐幽默的语言，会给别人留下很深的印象，使人无形中对你产生好感。所以，应该知道什么时候该说什么话，语言得当，诙谐幽默很关键。

第四，劝酒适度，切莫强求。在酒桌上往往会遇到劝酒的现象，有的人总喜欢把酒场当战场，想方设法劝别人多喝几杯，认为不喝到量就是不实在。

"以酒论英雄"，对酒量大的人还可以，酒量小的可就犯难了，有时过分地劝酒，会将原有的朋友感情完全破坏。

第五，敬酒有序，主次分明。敬酒也是一门学问。一般情况下敬酒应以年龄大小、职位高低、宾主身份为序，敬酒前一定要充分考虑好敬酒的顺序，分清主次。即使与不熟悉的人在一起喝酒，也要先打听一下身份或是留意别人如何称呼，这一点心中要有数，避免出现尴尬或伤感情的情况。

敬酒时一定要把握好敬酒的顺序。有求于席上的某位客人，对他自然要倍加恭敬，但是要注意：如果在场有更高身份或年长的人，则不应只对能帮你忙的人毕恭毕敬，也要先给尊者、长者敬酒，不然会使大家都很难为情。

第六，察言观色，了解人心。要想在酒桌上得到大家的赞赏，就必须学会察言观色。因为与人交际，就要了解人的内心，这样才能左右逢源。

第七，锋芒渐射，稳坐泰山。酒席宴上要看清场合，正确估计自己的实力，不要太冲动，尽量保留一些酒力和说话的分寸，既不让别人小看自己，又不要过分地表露自身，选择适当的机会，逐渐放射自己的锋芒，才能稳坐泰山，不致给别人产生"就这点能力"的想法，使大家低估你的能力。

10.杜绝商务交往中不受欢迎的坏习惯

我们有时会看到，一些服饰得体的商业人士，会在众目睽睽下做出一些诸如擤鼻涕、搓泥垢、脚从鞋子里钻出来"乘凉"的举动，令其形象大打折扣，这都是没有修养的体现，因此，有这些坏习惯的人应注意杜绝以下不受欢迎的坏习惯：

（1）不当众搔痒

作为生意人，你必须要知道当众搔痒的动作很不雅，特别是隔着衣服搔痒。由于你的搔痒动作当众进行，所以很可能会令人联想到诸如皮肤病等各种症状，会使别人感觉不舒服。

（2）掏耳和挖鼻

有些人，只要他看见什么可以用，就会随手取一支来掏耳朵，尤其是在餐室，大家正在喝茶、吃东西的时候，掏耳朵的小动作往往令旁观者感到恶心，这个小动作很不雅，而且对他人有失礼貌。同样，用手指挖鼻孔也是非常失礼的动作。

（3）剔牙

宴会席上，谁也免不了会有剔牙的小动作，既然这个小动作不能避免，那么就得注意剔牙时不要露出牙齿，而且不要把碎屑乱吐一番，最好用左手掩住嘴，头略向侧偏，吐出碎屑时用纸巾接住。

（4）防止体内发出各种声响

生活经验告诉我们，任何人对发自别人体内的声音都会感到不舒服，甚至感到讨厌。作为生意人，要杜绝自己在公众场合有诸如打哈欠、打呃、响腹、放屁等行为或习惯，因为这些响声都会令人觉得你不太舒服或是正在生病，别人会立刻感到受威胁或产生联想，继而产生厌恶感。

（5）双腿抖动

这种小动作多发生在坐着的时候，站立时较为少见。这种小动作虽然无伤大雅，但由于双腿颤动不停，会令对方视线觉得不舒服，而且也会给人情绪不安定的感觉，这也是很失礼的。

（6）不乱丢烟蒂

很多生意人都会抽烟。而抽烟的人在许多场合都是不受欢迎的，究其原因就是：抽烟不仅危害其本人身体健康，还会危害他人健康，而且一些人会认为吸烟者缺乏卫生习惯。如果你是一位抽烟的生意人，看看自己有没有这些不良的抽烟习惯：如随处点烟灰，使环境受到污染；随处乱扔没有燃尽的烟蒂等。有些人还会在其就座的位置旁，随手揿灭烟头，致使烟头留在窗台、墙边或桌边，这些都令人十分反感。

（7）不随地吐痰

随地吐痰是一种恶习，这种令人作呕的行为应该坚决杜绝。每一个现代文明人都应清醒地认识到，是否有人看见你随地吐痰不是问题的关键，关键是这种举动证明你还处于愚昧、落后、肮脏的环境和阶层。

（8）长指甲和污垢

有一些生意人由于疏于修剪指甲，及疏于清理指甲内的污垢，致使其在和对方握手、取烟、用筷时，让对方感到十分不自在，甚至难以忍受，给其留下极其恶劣的印象，这往往会成为生意谈判失败的原因之一。

（9）不要以"喂"来喊人

有些人，平时见到朋友时，不称呼朋友的姓名，而却"喂"一声，这就有失礼貌了。在商务交往中，更应注意这一点，打招呼往往是交往或商谈的第一步，只有第一步迈好了，才能更好地向下进行谈判。

（10）频频看手表

假如你不是忙人，而且又无其他重要约会，那当你和朋友交谈或在商务谈判的时候，最好少看自己的手表。这样的小动作会使你的朋友或谈判对方认为你还有什么重要的事情，于是便不会再将谈话继续下去；同时，你的小动作也可能会引起对方的误会，对方会以为你没有耐心再谈下去。

如果你确实有要事在身的话，你不妨婉转地告诉对方改日再谈，并表示歉意。

（11）不守时间

不守时间是一个很不好的习惯，在商务谈判中，如果不守时间，对方会认为你是一个没有信用的人，这往往会给对方带来极坏的印象，以致最终导致谈判失败。所以，我们一定要做一个守时的人，特别是生意人更应如此。